工业机器人技术专业系列规划教材

ABB 工业机器人应用案例详解

主　编　余丰闯　田进礼　张聚峰

副主编　周　华　都本达　马　广　刘奭奭

参　编　叶　晖　翟东丽　杜青松　党长亮　罗焕华

U0279965

重庆大学出版社

内容提要

本书以 ABB 工业机器人综合实训平台为载体，围绕从认识 ABB 工业机器人的仿真软件到熟练应用 ABB 工业机器人仿真软件进行建模，从而学习仿真工作站的建立。本书以项目式教学的方法，用详细的操作步骤及图文对 ABB 工业机器人仿真工作站建立的基本操作、机械装置的创建、离线轨迹编程、Smart 组件以及欧姆龙智能视觉的调试等进行详细的讲解，让读者了解和学习编程操作相关的每一项具体操作方法。

本书适合作为应用型本科、职业教育工业机器人技术专业、自动化专业教材，也适合作为 ABB 工业机器人应用操作及编程的工程技术人员的参考书。

图书在版编目（CIP）数据

ABB 工业机器人应用案例详解／余丰闯，田进礼，张聚峰主编. --重庆：
重庆大学出版社，2019.4
ISBN 978-7-5689-1327-0

Ⅰ.①A… Ⅱ.①余… ②田… ③张… Ⅲ.①工业机器人—程序设计
—教材 Ⅳ.①TP242.2

中国版本图书馆 CIP 数据核字（2018）第 191224 号

ABB 工业机器人应用案例详解

主　编　余丰闯　田进礼　张聚峰
副主编　周　华　都本达　马　广　刘爽爽
参　编　叶　晖　翟东丽　杜青松　党长亮　罗焕华
责任编辑：周　立　　　版式设计：周　立
责任校对：关德强　　　责任印制：张　策

*

重庆大学出版社出版发行
出版人：易树平
社址：重庆市沙坪坝区大学城西路 21 号
邮编：401331
电话：（023）88617190　88617185（中小学）
传真：（023）88617186　88617166
网址：http://www.cqup.com.cn
邮箱：fxk@cqup.com.cn（营销中心）
全国新华书店经销
重庆俊蒲印务有限公司印刷

*

开本：787mm×1092mm　1/16　印张：12.50　字数：306 千
2019 年 4 月第 1 版　　2019 年 4 月第 1 次印刷
ISBN 978-7-5689-1327-0　定价：49.50 元

本书如有印刷、装订等质量问题，本社负责调换
版权所有，请勿擅自翻印和用本书
制作各类出版物及配套用书，违者必究

前　言

自工业革命以来，人力劳动已经逐渐被机械所取代，而这种变革为人类社会创造出了巨大财富，极大地推动了人类社会的进步。随着"工业4.0"的到来，中国提出了"中国制造2025"，其中主要包括十个领域，分别为新一代信息技术产业、高档数控机床和机器人、航空航天装备、海洋工程装备及高技术船舶、先进轨道交通装备、节能与新能源汽车、电力装备、农机装备、新材料、生物医药及高性能医疗器械。当前，机器人产业的发展规划是到2020年国内工业机器人装机量将达到100万台，需要至少20万与工业机器人应用相关的从业人员，并且以每年20%~30%的速度持续递增。为解决迫切的人才需求问题，中高职、应用型本科院校相继开设了工业机器人专业、工业机器人相关的机电一体化课程。为配合教学，广东省机械研究所以"四大家族"之一的ABB工业机器人综合实训教学平台为载体，编写了《ABB工业机器人应用案例详解》一书。本书适合职业教育的特点，详细介绍了ABB工业机器人编程软件RobotStudio的操作、建模、Smart组件的使用、离线轨迹编程、动画效果的制作、模拟工作站的创建等，力求让读者掌握ABB工业机器人的基础操作与简单编程。

本书由余丰闯、田进礼、张聚峰主编，周华、都本达、马广、刘奭奭任副主编，参与编写的人员有叶晖、翟东丽、杜青松、党长亮、罗焕华。

本书内容简明扼要、图文并茂、通俗易懂，适合于机电一体化、工业机器人、电气类、自动化类专业学生的专业基础学习以及从事工业机器人应用编程及操作，特别是刚刚接触ABB机器人的工程技术人员阅读参考。由于编者水平有限，难免出现疏漏，欢迎广大读者提出宝贵的意见和建议。

编　者

2019年1月

目　录

项目一

RobotStudio **仿真软件**

任务目标：

- 了解什么是工业机器人仿真应用技术。
- 学会安装 ABB 工业机器人仿真软件 RobotStudio。
- 认识 RobotStudio 软件的操作画面。
- 了解 RobotStudio 界面恢复默认的操作方法。
- 学会构建基本的仿真工作站。
- 学会为工作站建立系统。
- 学会 RobotStudio 的建模功能。

任务描述：

工业机器人在现代制造系统中起着极其重要的作用。随着机器人技术的不断发展，机器人的三维仿真技术也随之得到广泛关注。机器人三维仿真功能是机器人控制系统的独到亮点，可通过预先对机器人及其工作环境乃至生产过程进行模拟仿真，将机器人的运动方式以动画的方式显示出来，能够比较直观地观察机器人的状态和行走路径，有效地避免了机器人运动限位、碰撞和运动轨迹中奇异点的出现。机器人三维仿真功能可实现先仿真后运行，就是通过将机器人仿真程序直接集成到控制器中，保证了仿真结果与机器人实际的运行情况完全一致，因此机器人可不必中断当前的工作，从而提高了生产效率，而且这种方法既经济又安全。机器人三维仿真功能还能够有效地辅助设计人员进行机器人虚拟示教、机器人工作站布局、机器人工作姿态优化。

任务 1-1　认识安装工业机器人仿真软件

1.仿真应用技术介绍

随着仿真技术的发展，仿真技术应用趋于多样化、全面化。最初仿真技术是作为对实际系统进行试验的辅助工具,而后又用于训练,现在仿真系统的应用包括:系统概念研究、系统的可行性研究、系统的分析与设计、系统开发、系统测试与评估、系统操作人员的培训、系统预测、系统的使用与维护等各个方面。仿真技术作为工业机器人技术的发展方向之一,在工业机器人应用领域中扮演着极其重要的角色,它的应用领域已经发展到军用以及与国民经济相关的各个重要领域。

目前,常见的工业机器人仿真软件有 RobotArt、RobotMaster、RobotWorks、RobotCAD、DELMIA、RobotStudio 等。其中,RobotArt 是国内首款商业化离线编程仿真软件,支持多种品牌工业机器人离线编程操作,如 ABB、KUKA、Fanuc、Yaskawa、Staubli、KEBA 系列、新时达、广数等。

其他仿真软件是行业内国外优秀品牌,其中 RobotStudio 仿真软件是 ABB 工业机器人的配套产品,作为本体制造仿真软件制作最为精良的一款,其功能包括了各种常见 CAD 模型导入、自动路径生成、碰撞检测、在线作业、模拟仿真、行业应用功能包等,覆盖了工业机器人完整的生命周期。

RobotStudio 包括如下功能:

1)CAD 导入。可方便地导入各种主流 CAD 格式的数据,包括 IGES、STEP、VRML、VDAFS、ACIS 及 CATIA 等。机器人程序员可依据这些精确的数据编制精度更高的机器人程序,从而提高产品质量。

2)AutoPath 功能。该功能通过使用待加工零件的 CAD 模型,仅在数分钟之内便可自动生成跟踪加工曲线所需要的机器人位置(路径),而这项任务以往通常需要数小时甚至数天。

3)程序编辑器。可生成机器人程序,使用户能够在 Windows 环境中离线开发或维护机器人程序,可显著缩短编程时间、改进程序结构。

4)路径优化。如果程序包含接近奇异点的机器人动作,RobotStudio 可自动检测并发出报警,从而防止机器人在实际运行中发生这种现象。仿真监视器是一种用于机器人运动优化的可视工具,红色线条显示可改进之处,使机器人按照最有效的方式运行。可以对 TCP 速度、加速度、奇异点或轴线等进行优化,缩短周期时间。

5)可达性分析。通过 Autoreach 可自动进行可到达性分析,使用十分方便,用户可通过该功能任意移动机器人或工件,直到所有位置均可到达,在数分钟之内便可完成工作单元平面布置验证和优化。

6)虚拟示教台。是实际示教台的图形显示,其核心技术是 VirtualRobot。从本质上讲,所有可以在实际示教台上进行的工作都可以在虚拟示教器(QuickTeach™)上完成,因而该功能是一种非常出色的教学和培训工具。

7)事件表。一种用于验证程序的结构与逻辑的理想工具。程序执行期间,可通过该工具直接观察工作单元的 I/O 状态。可将 I/O 连接到仿真事件,实现工位内机器人及所有设备的仿真。该功能是一种十分理想的调试工具。

8)碰撞检测。碰撞检测功能可避免设备碰撞造成的严重损失。选定检测对象后,RobotStudio 可自动监测并显示程序执行时这些对象是否会发生碰撞。

9)VBA 功能。可采用 VBA 改进和扩充 RobotStudio 功能,根据用户具体需要开发功能强大的外接插件、宏,或定制用户界面。

10)直接上传和下载。整个机器人程序无需任何转换便可直接下载到实际机器人系统,该功能得益于 ABB 独有的 VirtualRobot 技术。

2.安装 RobotStudio 仿真软件

（1）RobotStudio 安装要求

硬 件	要 求
CPU	i5 或以上
内存	2 GB 或以上
硬盘	空间 20 GB 以上
显卡	独立显卡
操作系统	Windows 7 以上

（2）安装步骤

1）直接对 ABB 官网（ABB 网站地址：www.robotstudio.com）上提供的 RobotStudio 软件的试用版进行下载。下载完成后，解压，进入解压文件夹，找到 setup.exe，双击进行安装，如图 1.1 所示。

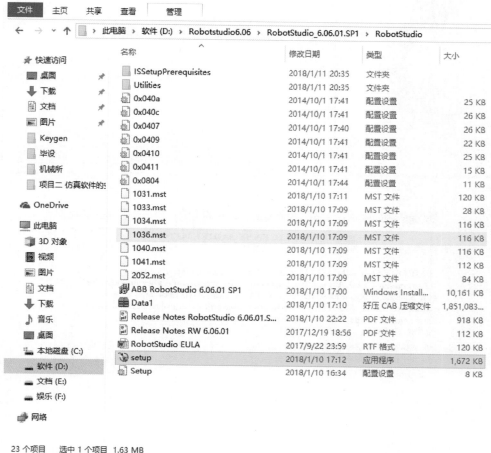

图 1.1

2）选择安装语言,这里我们选择了"中文(简体)",单击"确定",如图 1.2 所示。

图 1.2

3）直接单击"下一步",选择"我接受该许可证协议中的条款",并单击"下一步",如图
1.3、图 1.4 所示。

图 1.3

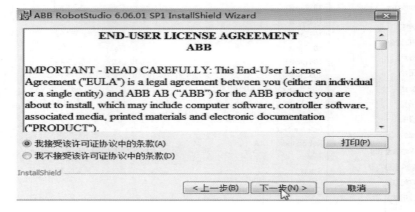

图 1.4

4)"接受"该隐私声明,如果无必要,不建议更改安装文件夹,如图 1.5 所示。

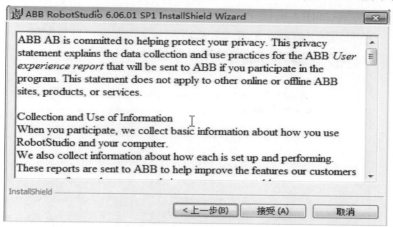

图 1.5

5)在安装类型选择时,默认选择的"完整安装",如果有特殊需求的可自定义。选择完成后,单击"下一步",单击"安装",如图 1.6、图 1.7 所示。

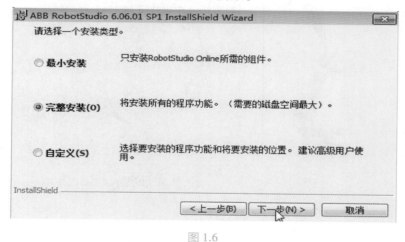

图 1.6

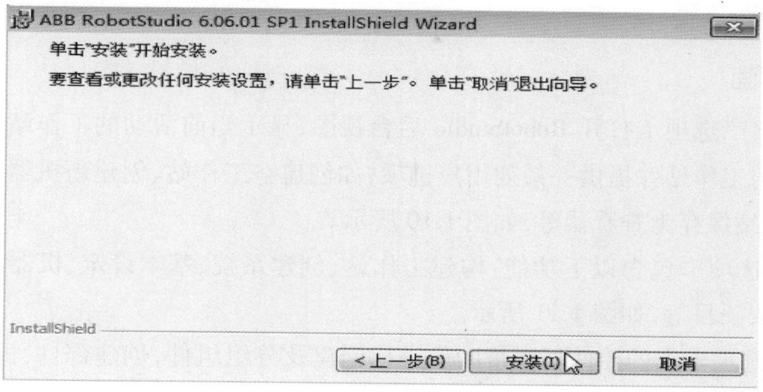

图 1.7

6）这时软件进入了自动安装的过程,待安装完成后,单击"完成",桌面上就能看到 RobotStudio 的快捷方式,如图 1.8、图 1.9 所示。

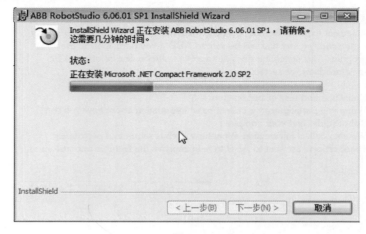

图 1.8

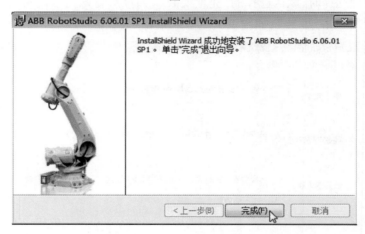

图 1.9

3.软件界面介绍

(1)软件界面

1）"文件(F)"选项卡打开 RobotStudio 后台视图,显示当前活动的工作站的信息和数据,列出最近打开的工作站并提供一系列用户选项,如创建空工作站、创建新机器人系统、连接到控制器、将工作站保存为查看器等,如图 1.10 所示。

2）"基本"选项卡包含以下功能:构建工作站、创建系统、基本设定、机器人基本控制、编辑路径以及摆放项目等,如图 1.11 所示。

3）"建模"选项卡上的控件可以帮助您进行创建及分组组件,创建部件,测量以及进行与 CAD 相关的操作,如图 1.12 所示。

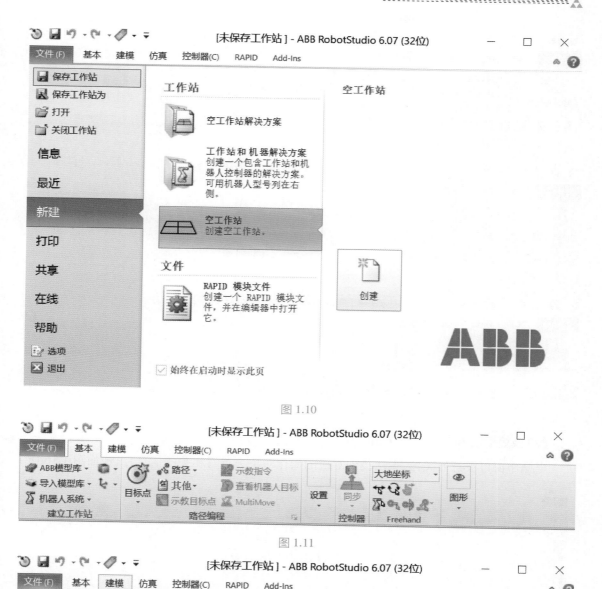

图 1.10

图 1.11

图 1.12

4)"仿真"选项卡上包括创建碰撞监控、配置、控制、监控和记录仿真的相关控件,如图 1.13 所示。

5)"控制器"选项卡包含用于管理真实控制器的控制措施,以及用于虚拟控制器的同步、配置和分配给它的任务的控制措施等,如图 1.14 所示。

6)"Add-Ins"选项卡是二次开发的相关功能,可以自己开发相关功能来满足不同需求,ABB 还提供了一些相关插件等,如图 1.15 所示。

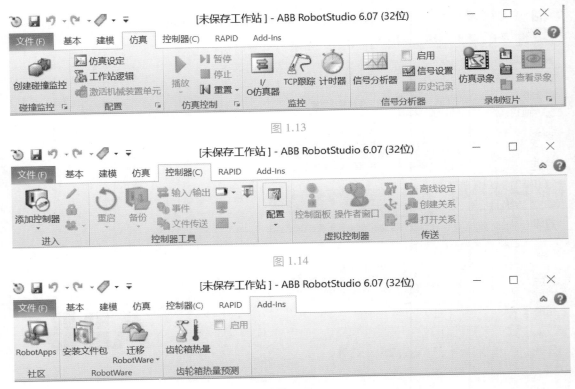

图 1.13

图 1.14

图 1.15

(2) 恢复默认 RobotStudio 界面

当操作窗口被意外关掉,无法找到对应的操作对象去查看相关的信息,出现如图 1.16 所

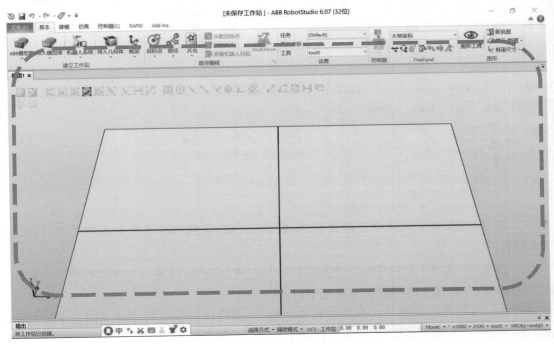

图 1.16

示的界面。可进行如下操作恢复默认的 RobotStudio 界面,点击"自定义快速工具栏",选择
"默认布局",如图 1.17 所示。

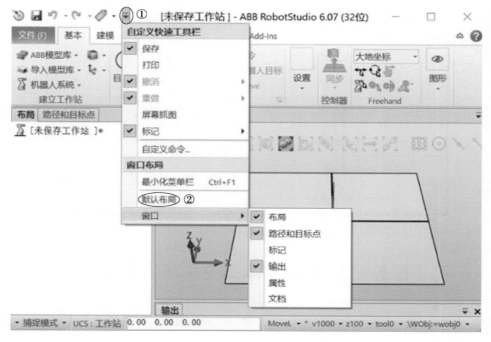

图 1.17

（3）基本操作

操作目的	快捷键说明
选择项目	单击鼠标左键
旋转工作站	Shift+Ctrl+鼠标左键
平移工作站	Ctrl+鼠标左键
缩放工作站	Ctrl+鼠标右键
使用窗口缩放	Shift+鼠标右键
使用窗口选择	Shift+鼠标左键
打开帮助文档	F1
打开虚拟示教器	Ctrl+F5
打开工作站	Ctrl+O
屏幕截图	Ctrl+B
示教运动指令	Ctrl+Shift+R

续表

操作目的	快捷键说明
示教目标点	Ctrl+R
保存工作站	Ctrl+S
创建工作站	Ctrl+N
导入模型库	Ctrl+J
导入几何体	Ctrl+G
激活菜单栏	F10
添加工作站系统	F4

任务 1-2 构建基本工业机器人工作站

1.基本工作站布局

基本工作站布局如图 1.18 所示。

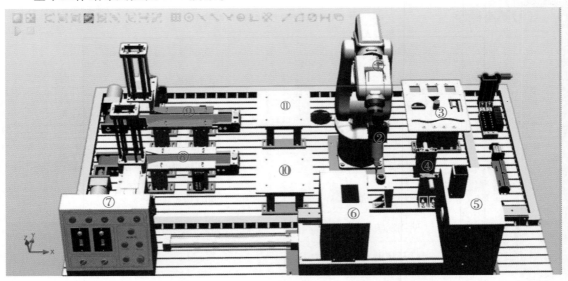

图 1.18

①机器人;②工具;③轨迹练习平台;④检测平台;⑤压铸机机身;
⑥压铸机动模;⑦控制面板;⑧传送带 A;⑨传送带 B;⑩码垛堆放平台 A;
⑪码垛堆放平台 B

2.建立工业机器人系统与手动操纵

(1)建立机器人系统

在"机器人系统"选项,您可以选择从布局或模板创建系统,如表中的 3 种形式。

选　项	功　能
从布局	根据布局,创建系统
新建系统	用于创建新系统并加入工作站
已有系统	添加现有系统到工作站

下面通过图 1.19 至图 1.22 来讲解工作站从布局创建系统的过程。

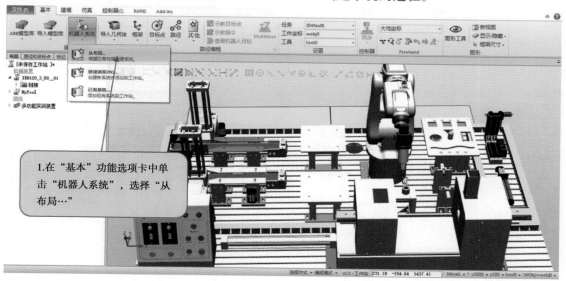

1.在"基本"功能选项卡中单击"机器人系统",选择"从布局…"

图 1.19

(2)手动操纵

为让机器人手动运动到所需要的位置,共有三种手动操纵方式:手动关节、手动线性、手动重定位;可以通过直接拖动和精确手动调节两种控制方法来实现。手动拖动过程中位置混乱难以调整时,可以回到机械原点重新调整,下面对操作方法步骤进行展示。

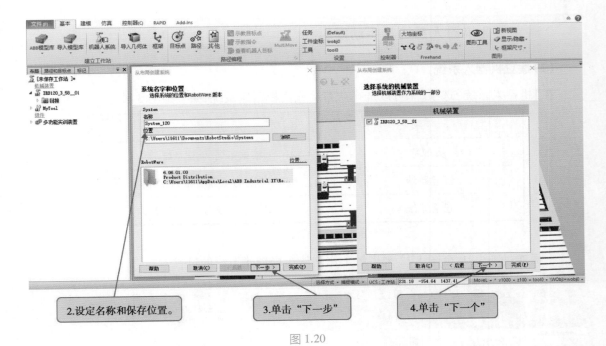

2.设定名称和保存位置。

3.单击"下一步"

4.单击"下一个"

图 1.20

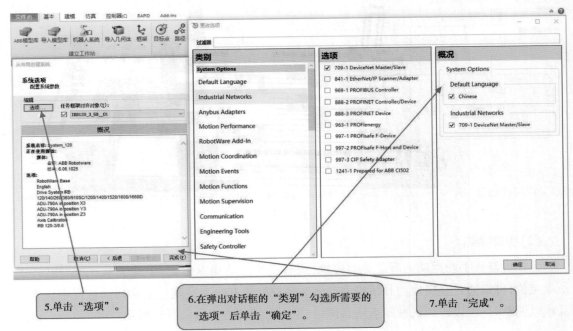

5.单击"选项"。

6.在弹出对话框的"类别"勾选所需要的"选项"后单击"确定"。

7.单击"完成"。

图 1.21

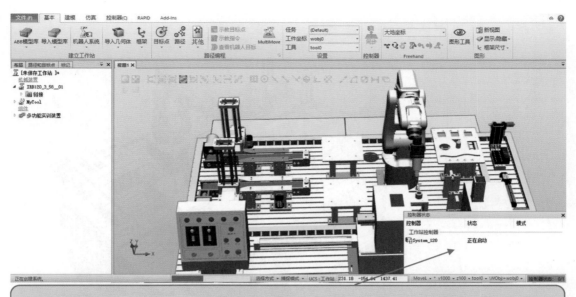

图 1.22

8.右下角出现一个控制器状态窗口和状态显示；红色表示正在启动；黄色表示正在连接；系统建立完成后显示为绿色。

1）"手动关节"移动机器人的各轴，如图 1.23、图 1.24、图 1.25 所示两种方法。

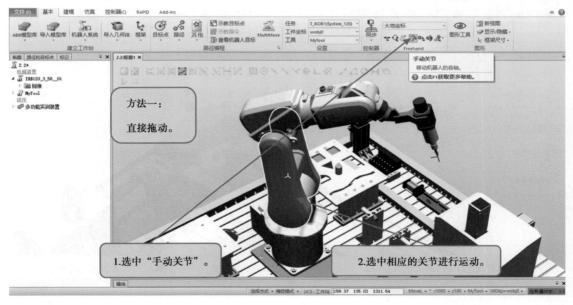

图 1.23

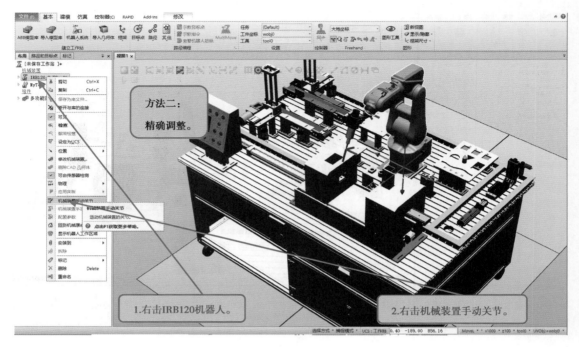

图 1.24

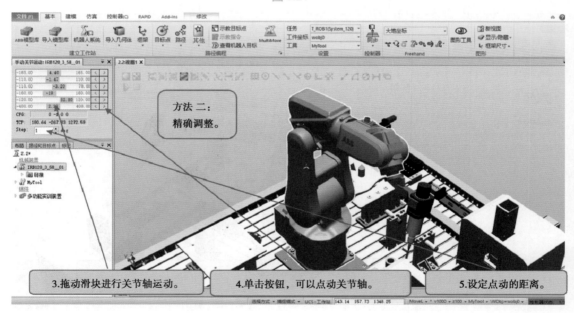

图 1.25

2）"手动线性"在当前工具定义的坐标系中移动，如图 1.26、图 1.27、图 1.28 所示两种方法。

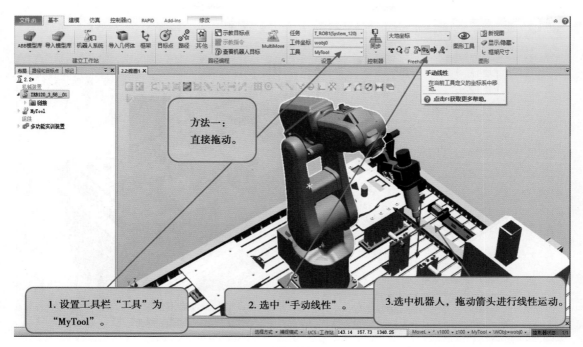

图 1.26

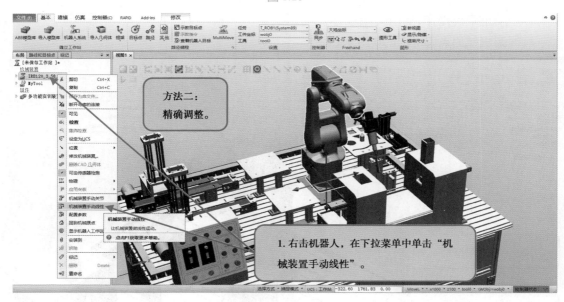

图 1.27

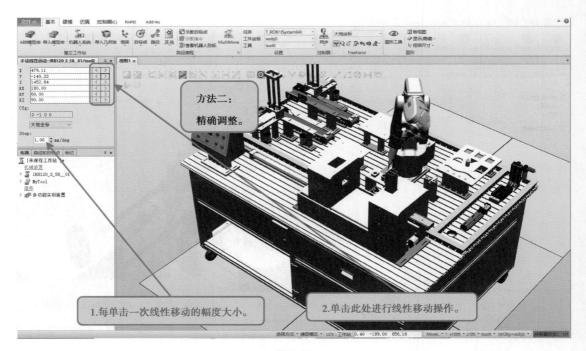

图 1.28

3）手动重定位操作，如图 1.29 所示。

4）回到机械原点，如图 1.30 所示。

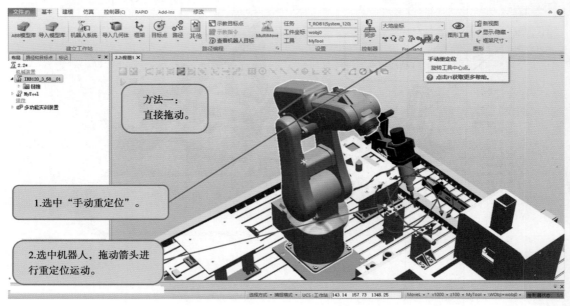

图 1.29

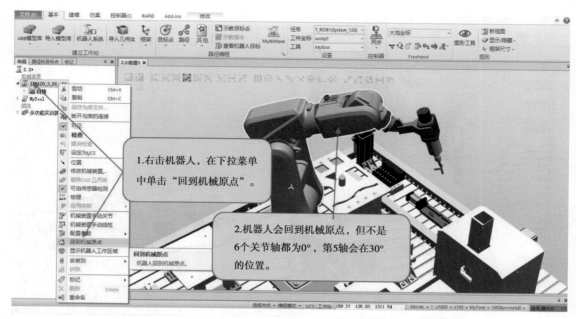

图 1.30

任务 1-3　创建工件坐标与轨迹程序

1.创建工件坐标

图 1.31 至图 1.36 讲述了创建工作坐标的 6 个步骤。

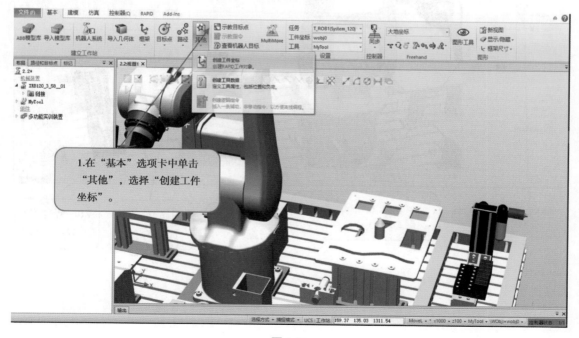

图 1.31

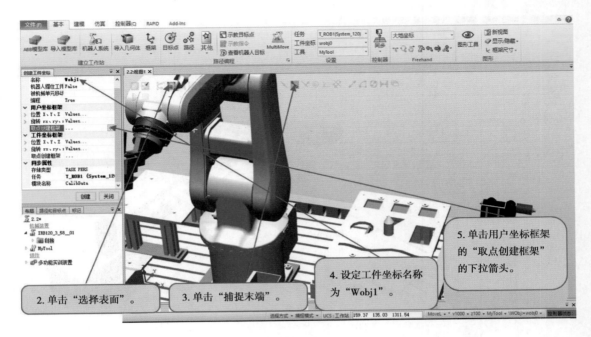

图 1.32

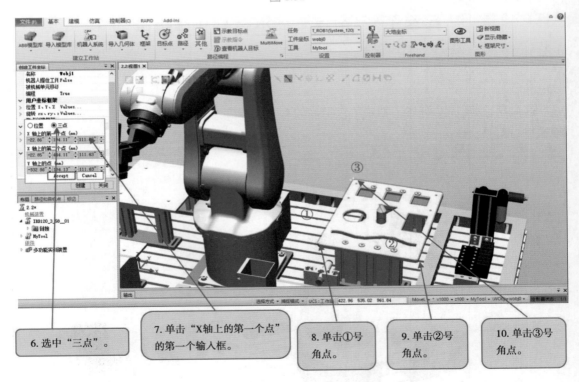

图 1.33

18

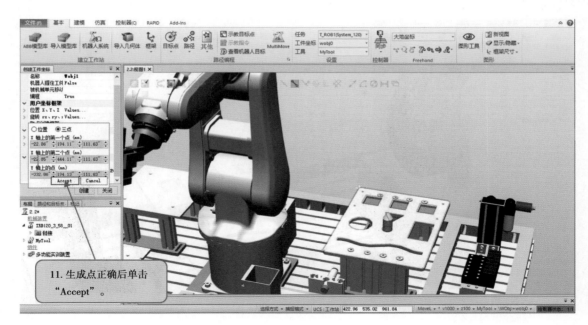

图 1.34

图 1.35

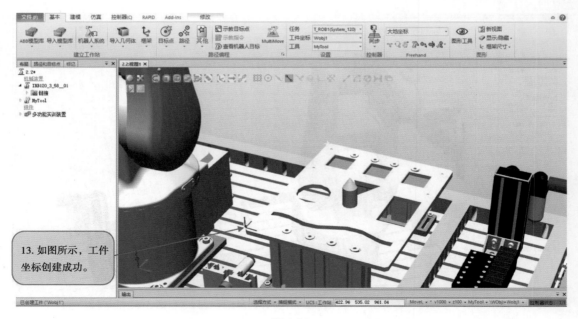

图 1.36

2. 自动轨迹编程

图 1.37 至图 1.47 介绍了自动轨迹编程的 11 个步骤。

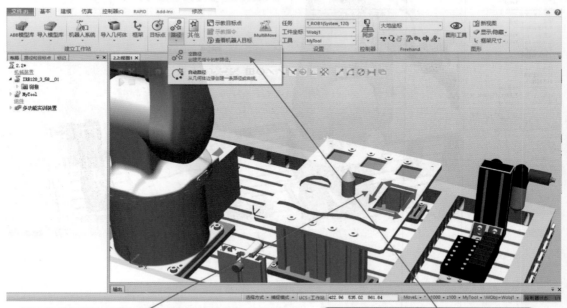

1. 安装在法兰盘上的工具"MyTool"在工件坐标系"Wobj"中沿着对象矩形边沿走一圈。

2. 在"基本"功能选项卡中单击"路径",选择"空路径"。

图 1.37

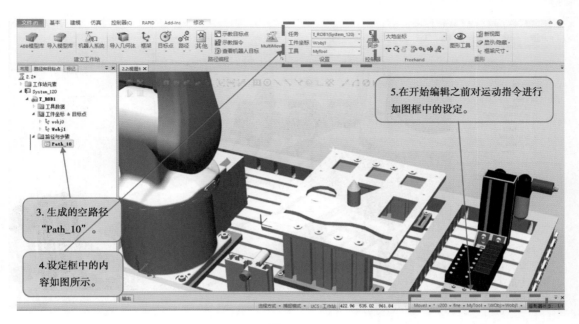

图 1.38

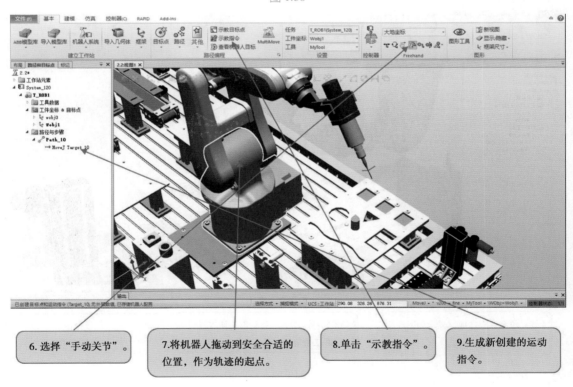

图 1.39

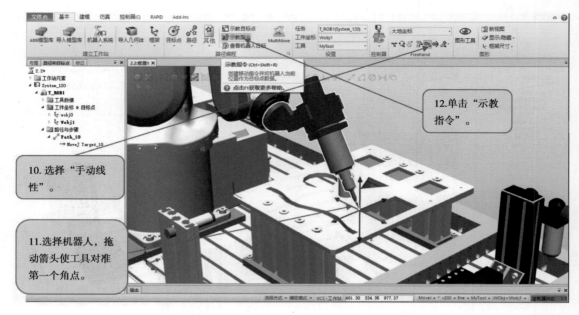

图 1.40

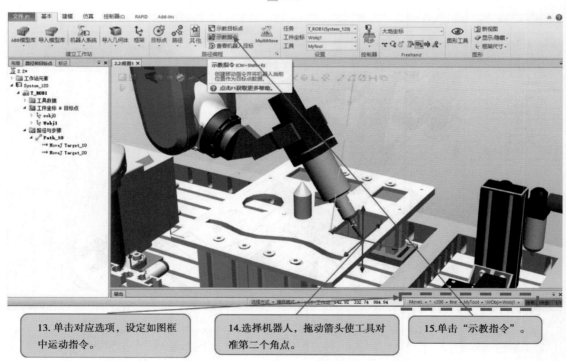

图 1.41

22

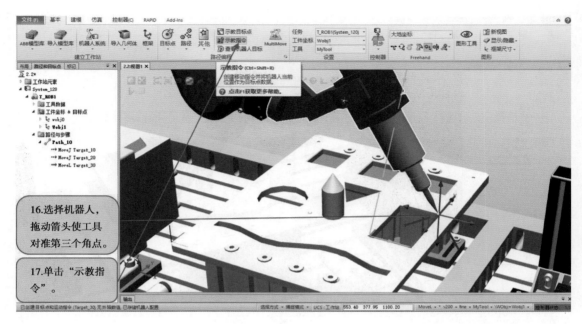

图 1.42

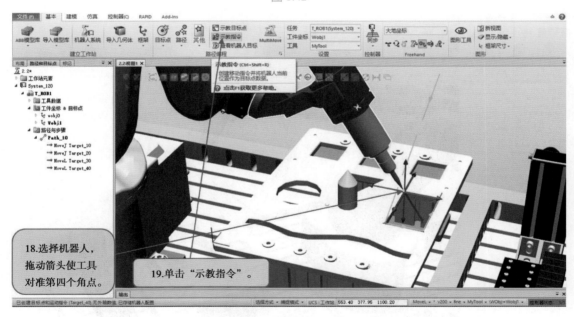

图 1.43

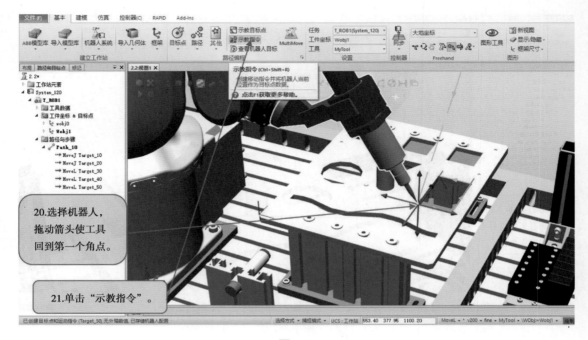

20.选择机器人，拖动箭头使工具回到第一个角点。

21.单击"示教指令"。

图 1.44

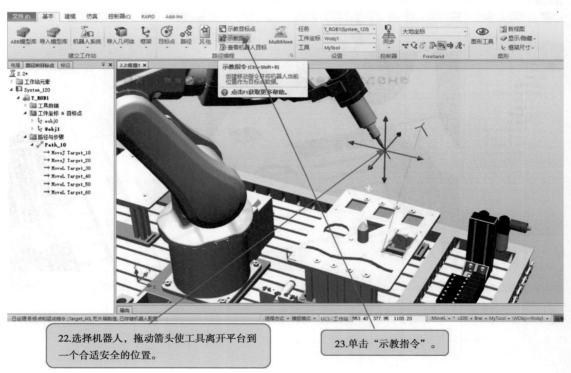

22.选择机器人，拖动箭头使工具离开平台到一个合适安全的位置。

23.单击"示教指令"。

图 1.45

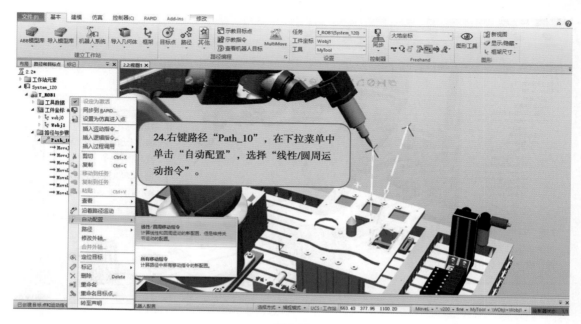

图 1.46

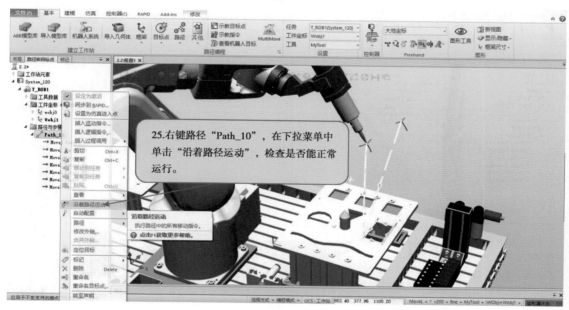

图 1.47

3.仿真运行机器人程序

图 1.48 至图 1.51 介绍了其运行的 4 个步骤。

注：同步到RAPID是将工作站对象与RAPID代码匹配；同步到工作站是将RAPID代码与工作站对象匹配。

1.在"基本"功能选项卡中单击"同步"，选择"同步到RAPID..."。

图 1.48

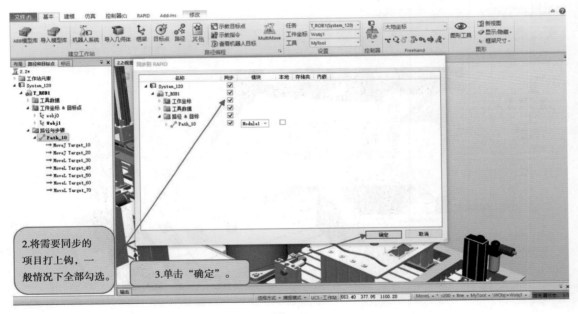

2.将需要同步的项目打上钩，一般情况下全部勾选。

3.单击"确定"。

图 1.49

26

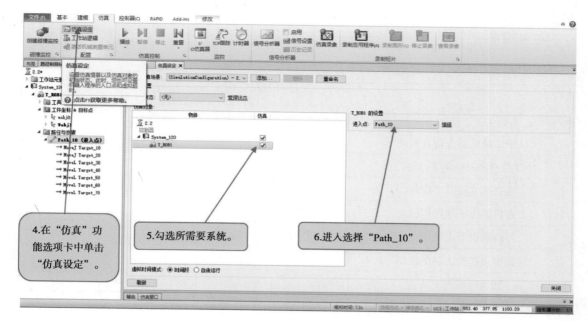

图 1.50

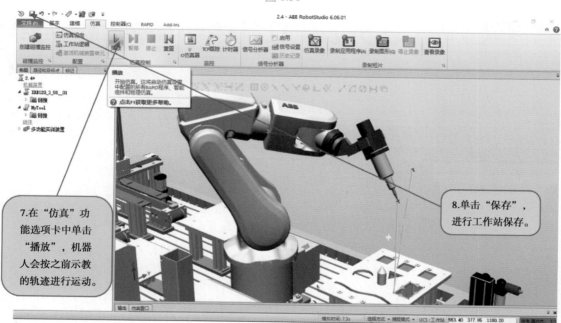

图 1.51

学习检测

自我学习测评表如下表所示。

学习目标	自我评价			备注
	掌握	了解	重学	
认识工业机器人仿真软件				
学会 RobotStudio 的安装				
建立基本仿真工作站				
工业机器人手动操纵模式				
仿真机器人轨迹				
掌握简单建模工具的使用				
创建机器人工具				

项目二

离线仿真轨迹编程

任务目标:

- 学会创建工件的机器人轨迹曲线。
- 学会生成工件的机器人轨迹曲线路径。
- 学会机器人目标点的调整。
- 学会机器人轴配置参数调整。
- 了解离线轨迹编程的关键点。
- 学会机器人离线轨迹编程辅助工具的使用。

任务描述:

在工业机器人轨迹应用过程中,如切割、涂胶、焊接等,学会处理一些不规则曲线,通常做法是采用描点法,即根据工艺精度要求去示教相应数量的目标点,从而生成机器人的运行轨迹。这种方法费时、费力且不容易保证轨迹精度。图形化编程即根据 3D 模型的曲线特征自动转换成机器人的运行轨迹,这种方法省时、省力且容易保证轨迹精度。本任务学习根据三维模型曲线特征以及 RobotStudio 自动路径功能自动生成机器人激光切割的运行轨迹路径。

任务 2-1　创建机器人离线轨迹曲线及路径

1.创建机器人离线轨迹曲线

基础工作站,导入 ABB ZRB 120-3-58-01 机器人及轨迹练习平台,注意轨迹练习平台要放在机器人可到达的范围内。

1)创建机器人布局,如图 2.1 所示。

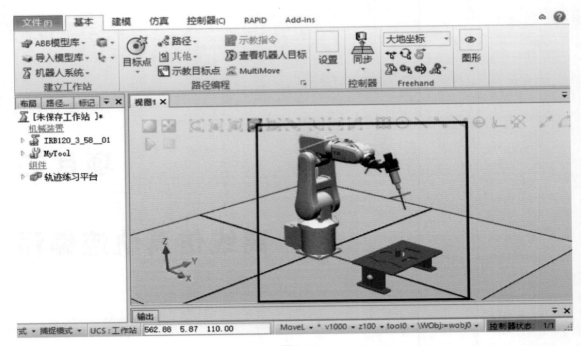

图 2.1

2)在"建模"功能选项卡中单击选择"表面边界",如图 2.2 所示。

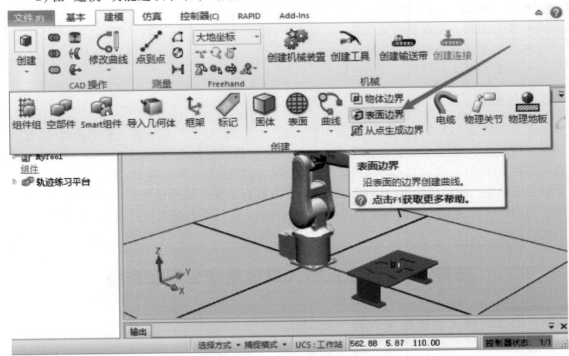

图 2.2

3)单击下面几处创建边界,依次做下面三步。

①首先单击"选择表面";

②选择要创建边界的平面；

③单击"创建"按钮，如图 2.3 所示。

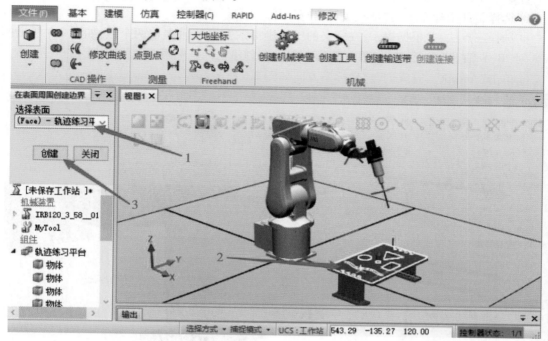

图 2.3

4）创建机器人使用的工件坐标系，依次单击"基本"菜单下的"其他"，单击"创建工件坐标"系，如图 2.4 所示。

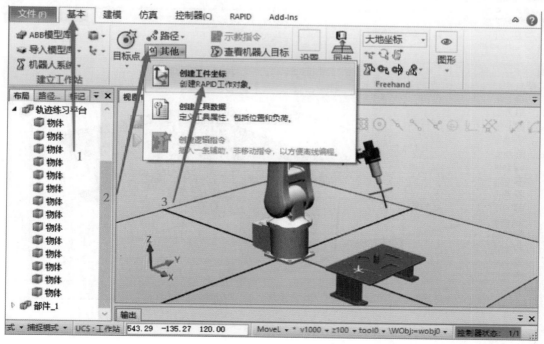

图 2.4

5）建立工件坐标系有以下几个步骤：

①新建工件坐标系并重命名；

②选择工件坐标系下的"取点创建坐标"系；

③选择三点法，并根据提示，在定义的工件坐标系上的 X 轴上取两个点，如图 2.5 所示的点 A，点 B，Y 轴上取一个点，如图 2.5 所示的点 C，创建工件坐标系，如图 2.5 所示；

④单击"Accept"，完成创建，坐标系方向如图 2.6 所示。

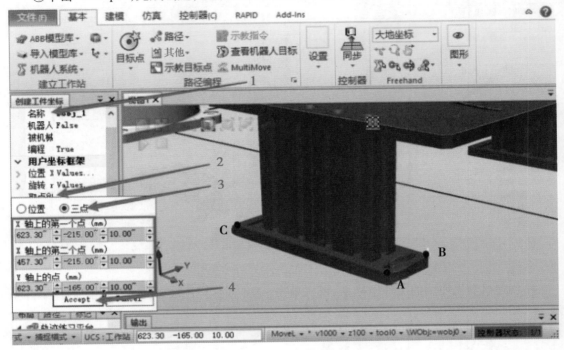

图 2.5

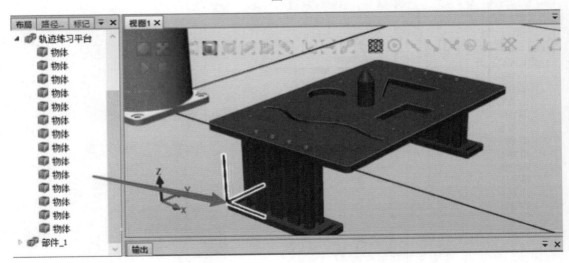

图 2.6

6)单击"基本"菜单下"设置"中的"工件坐标"系,设置为工件坐标"Wobj_1",如图 2.7 所示。

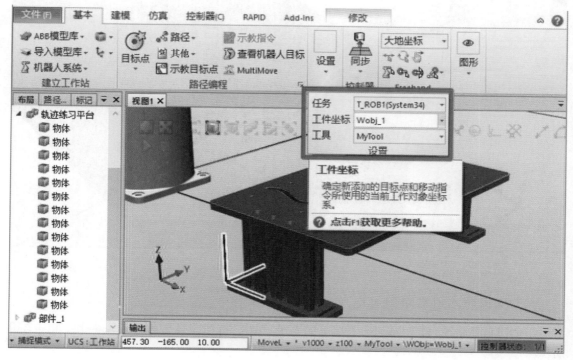

图 2.7

7)设置运动指令为"MoveL",速度为"v100",转弯半径为"Fine",工件坐标系为"MyTool",工件坐标系为"Wobj_1",如图 2.8 所示。

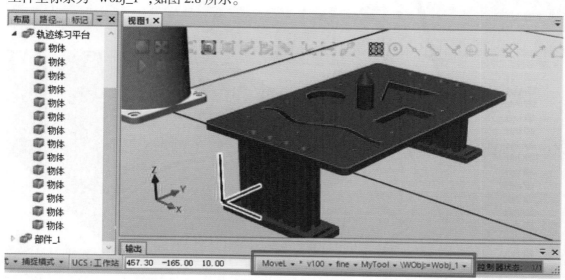

图 2.8

8)选择捕捉工具并捕捉表面和捕捉边缘,再选择工作台需自动编程的边缘,确定行进轨迹,如图 2.9 所示。

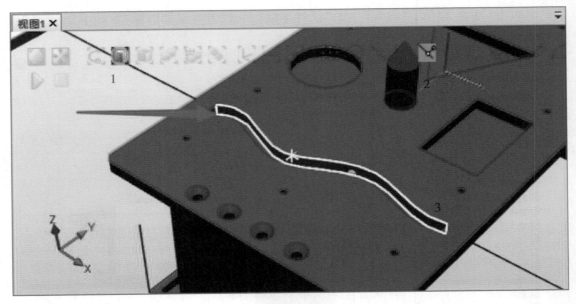

图 2.9

2.生成机器人轨迹路径

1)创建自动路径,单击"基本"菜单下的路径,单击"自动路径",创建自动路径,如图 2.10 所示。

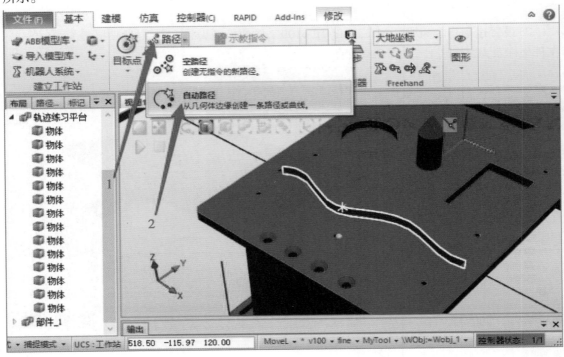

图 2.10

2)设置自动路径中的参考面为轨迹平台上的参考面,如图 2.11 所示。

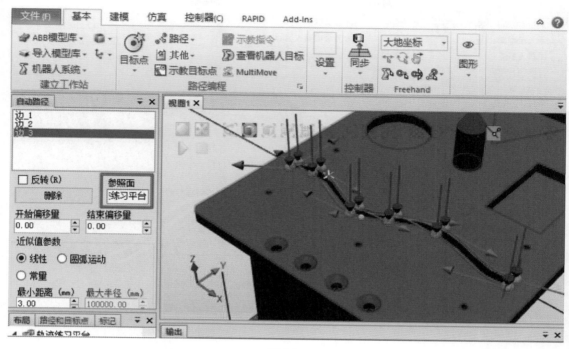

图 2.11

3）根据需要，在"近似值参数"选项中选择"圆弧运动"，然后单击"创建"，如图 2.12 所示。

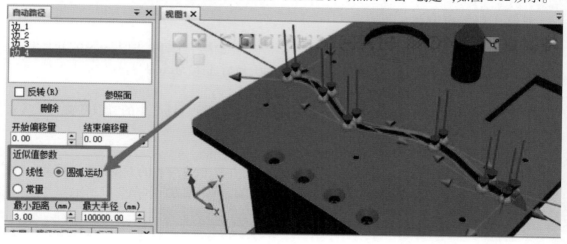

图 2.12

4）创建完成后生成路径"path_10"，如图 2.13 所示。

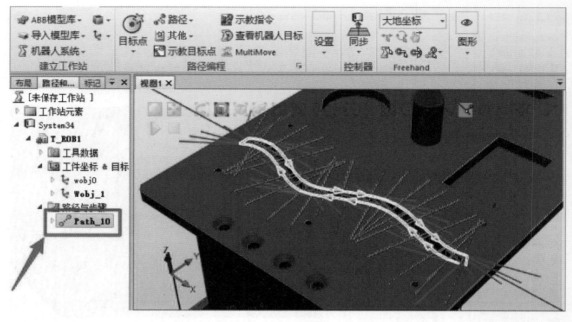

图 2.13

任务 2-2　机器人目标点调整

机器人目标点调整

1）在"路径和目标点"中找到"工件坐标系 & 目标点"的第一个目标点"Target10"并右击,在弹出的下拉菜单中找到"查看目标处工具"并单击打开然后选择"MyTool"打钩显示出工具,如图 2.14 所示。

2）此时的工具姿态机器人难以达到,选中目标点单击"修改目标"中的"旋转"旋转工具末端,使机器人能够达到目标点,如图 2.15 所示。

3）修改目标,使焊枪绕 Z 轴旋转,如图 2.16 所示。

4）修改剩下的所有目标点,选中剩下的其他目标点并右击,在弹出的下拉菜单栏中单击"修改目标"再选择"对准目标点方向",对准已修改好的"Target10"的方向如图 2.17 所示。

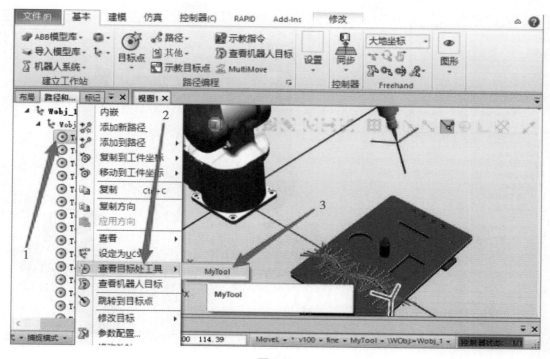

图 2.14

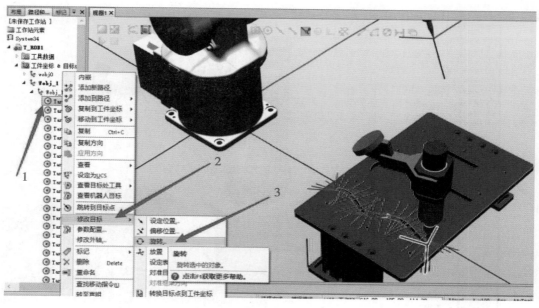

图 2.15

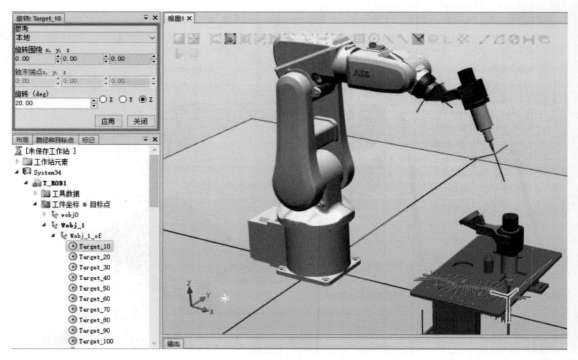

图 2.16

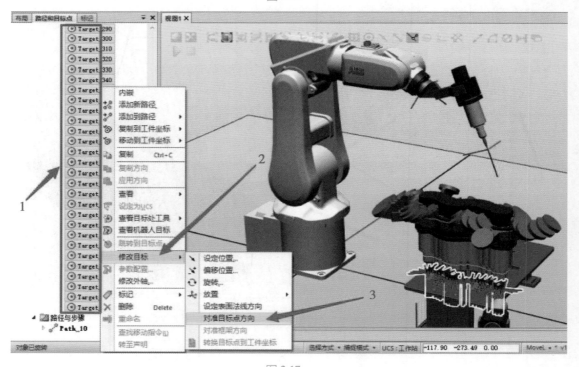

图 2.17

任务 2-3　机器人离线轨迹编程辅助工具

机器人创建碰撞监控功能的使用：

1）在"仿真"功能选项卡中单击"创建碰撞监控"；单击展开"碰撞检测设定_1"，显示"ObjectsA"和"ObjectsB"，如图 2.18 所示。

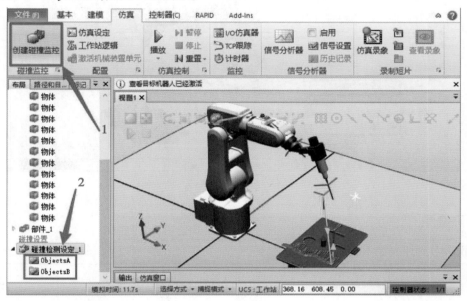

图 2.18

2）将工具"MyTool"拖放到"ObjectsA"中；将部件"轨迹练习平台"拖放到"ObjectsB"中，如图 2.19 所示。

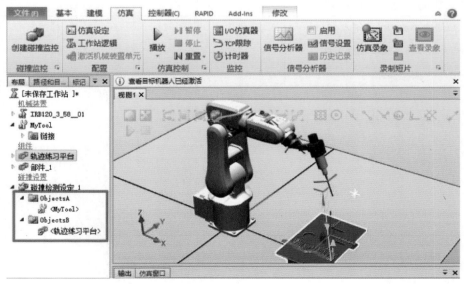

图 2.19

3）右击"碰撞检测设定_1"，然后单击选择"修改碰撞监控放底部"，如图 2.20 所示。

图 2.20

学习检测

自我学习测评表如下表所示。

学习目标	自我评价			备注
	掌握	了解	重学	
创建机器人离线轨迹				
生产机器人离线轨迹曲线路径				
机器人目标点调整及轴配置参数				
离线轨迹编程的关键点				
机器人离线轨迹编程辅助工具				
安全操作				

项目三

产品码垛动画效果的制作

任务目标：

- 了解什么是 Smart 组件。
- 学会用 Smart 组件创建动态输送链。
- 学会用 Smart 组件创建动态夹具。
- 学会设定 Smart 组件工作站逻辑。
- 了解 Smart 组件的子组件功能。

任务描述：

在 RobotStudio 中创建码垛的仿真工作站，Smart 组件是在 RobotStudio 中实现动画效果的高效工具。下面创建一个拥有动态属性的 Smart 组件输送链来体验一下 Smart 组件的强大功能。Smart 组件输送链动态效果包含：输送链前端自动生成产品、产品随着输送链向前运动、产品到达输送链末端后停止运动、产品被移走后输送链前端再次生成产品……依次循环。

任务 3-1　事件管理器和 Smart 组件介绍

1.事件管理器和 Smart 组件介绍

事件管理器和 Smart 组件对比

	事件管理器	Smart 组件
使用难度	简单，容易掌握	需要系统学习后使用
特点	适合制作简单的动画	适合制作复杂的动画
使用范围	简单，动作简单的动画仿真	复杂，需要逻辑控制的动画仿真

2.事件管理器的介绍

例如用事件管理器来控制一个机械装置的运动,利用机器人的 I/O 来触动事件管理器。对事件管理器的控制其实是利用机器人的 I/O 在 RAPID 程序中编好程序后,到达所需要的步骤,通过 I/O 去触发事件管理器,触发机械装置的运动,下面创建一个活塞上下运动的机械装置来体现。

1)在"基本"功能选项卡中单击"ABB 模型库",然后单击选择"IRB 120"导入机器人模型,如图 3.1 所示。

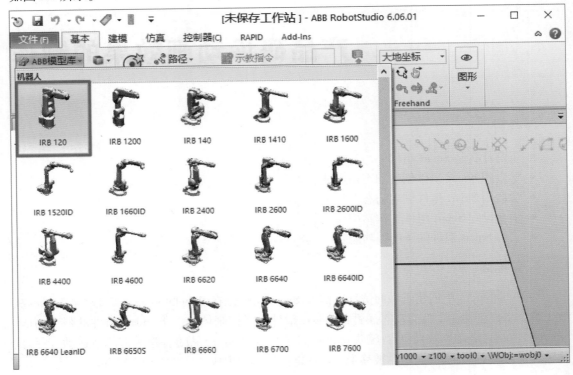

图 3.1

2)在"基本"功能选项卡中单击"机器人系统",然后选择"从布局..."创建机器人系统,如图 3.2 所示。

3)在"布局"选项中,右击"IRB 120",在弹出的下拉菜单中单击"可见"取消勾选,隐藏机器人,如图 3.3 所示。

4)在"建模"功能选项卡中单击"固体",在下拉菜单中单击选择"圆柱体",如图 3.4 所示。

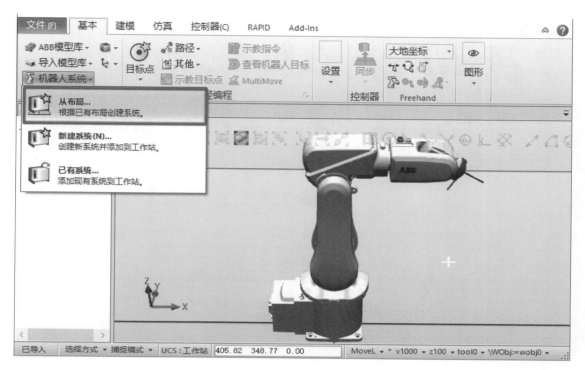

图 3.2

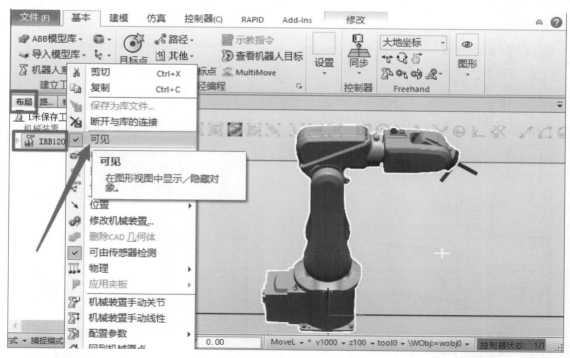

图 3.3

43

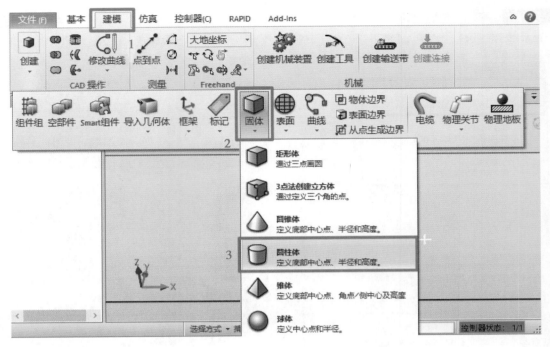

图 3.4

5）在左侧弹出的对话框中输入半径为 50 mm、高度为 500 mm；单击"创建"创建生成新部件 1，如图 3.5 所示。

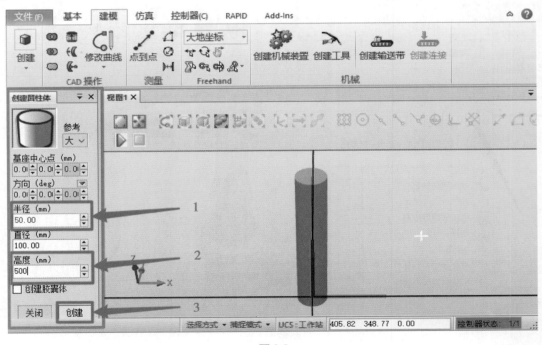

图 3.5

6）继续创建新部件 2：半径为 100 mm、高度为 50 mm，如图 3.6 所示。

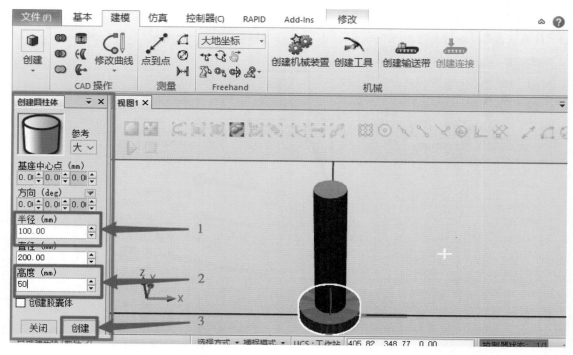

图 3.6

7）右击"部件 1"，在下拉菜单中选择"修改"，单击"设定颜色…"，将"部件 1"设为绿色，将"部件 2"设为黄色，如图 3.7 所示。

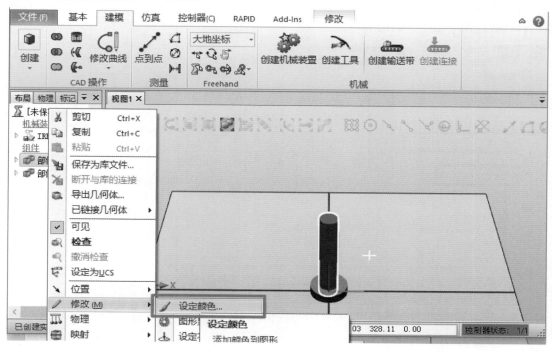

图 3.7

8）在"建模"功能选项卡中单击"创建机械装置"；在对话框中的"机械装置模型名称"中输入"柱塞运动"；"机械装置类型"选择"设备"；双击"链接"，如图 3.8 所示。

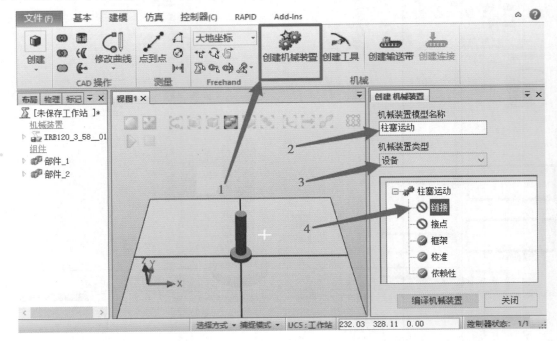

图 3.8

9）在弹出的对话框中"所选组件"选择"部件_1"；把"设置为 BaseLink"打上钩；单击"右移"按钮；单击"应用"，如图 3.9 所示。

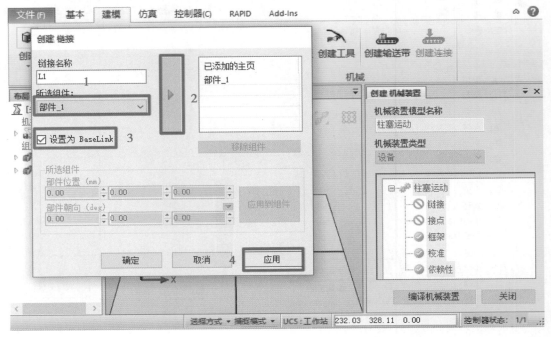

图 3.9

10)将"链接名称"改为"L2";"所选组件"选择"部件_2";"设置为 BaseLink"取消勾选;单击"右移"按钮;单击"应用",如图 3.10 所示。

图 3.10

11)双击"接点",如图 3.11 所示。

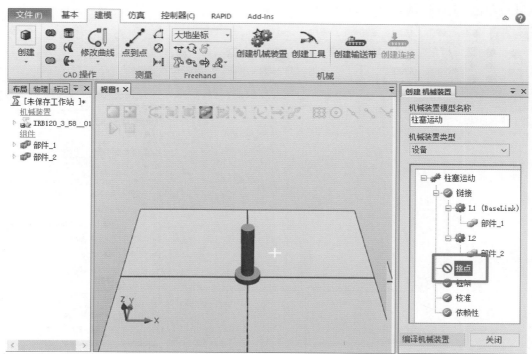

图 3.11

12)在"关节类型"中选择"往复的";在"关节轴"的"第二个位置"的第三个输入框输入"400";在"关节限值"的"最小限值"输入"0.00","最大限值"输入"400";单击"应用",如图3.12所示。

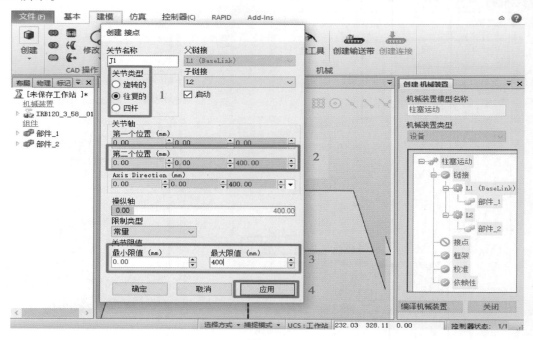

图 3.12

13)单击"编译机械装置",如图3.13所示。

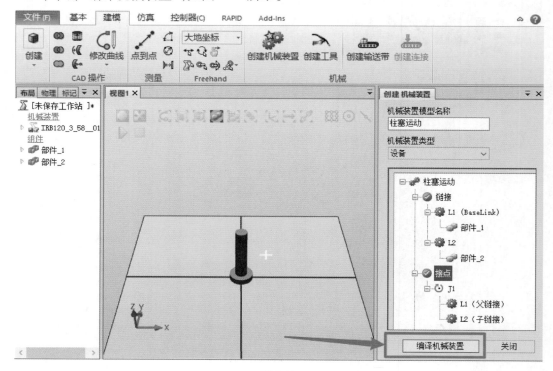

图 3.13

14）单击"添加"，如图 3.14 所示。

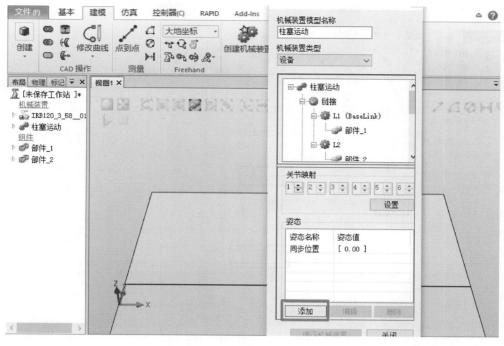

图 3.14

15）在弹出窗口的"关节值"滑块移到"400"处；单击"应用"，如图 3.15 所示。

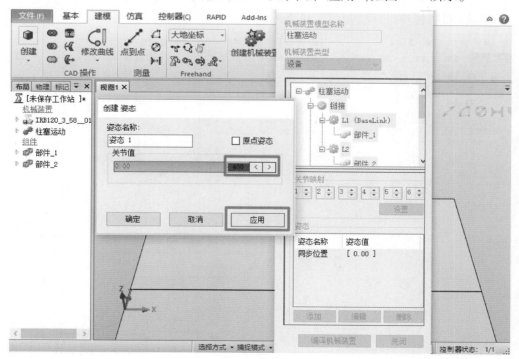

图 3.15

16）勾选"原点姿态"，将窗口"关节值"中的滑块移到"0.00"处；单击"应用"，如图 3.16 所示。

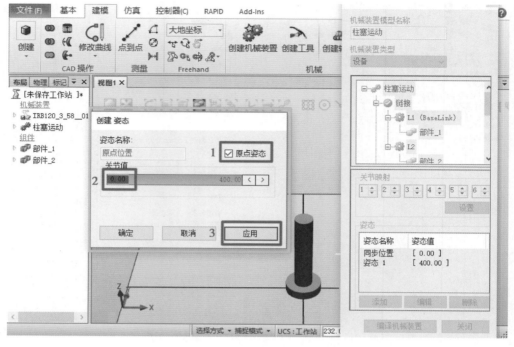

图 3.16

17）单击"设置转换时间"，如图 3.17 所示。

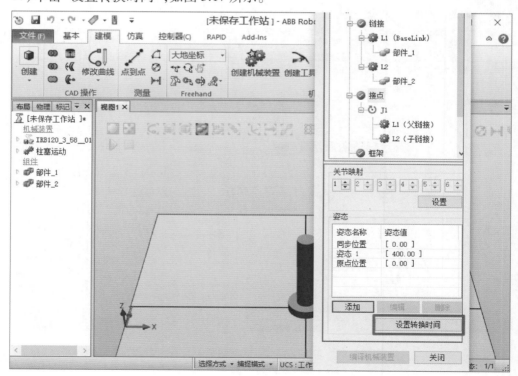

图 3.17

18）在"设置转换时间"窗口中输入转换时间后单击"确定"，打开"手动移动"，将刚创建的机械装置移动到离原点一定距离的位置上，如图 3.18 所示。

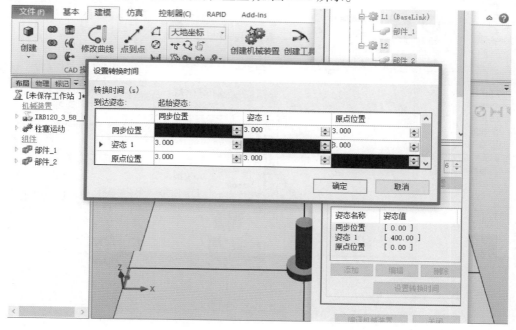

图 3.18

19）在左侧布局窗口中，右键单击机器人，在下拉菜单中勾选"可见"，机器人显示，如图 3.19 所示。

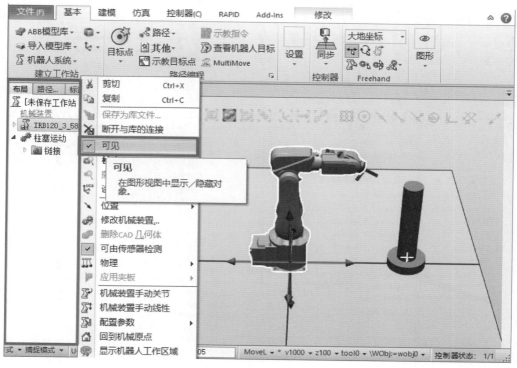

图 3.19

20）在"控制器（C）"功能选项卡中选择"配置编辑器"中的"I/O System"，如图 3.20 所示。

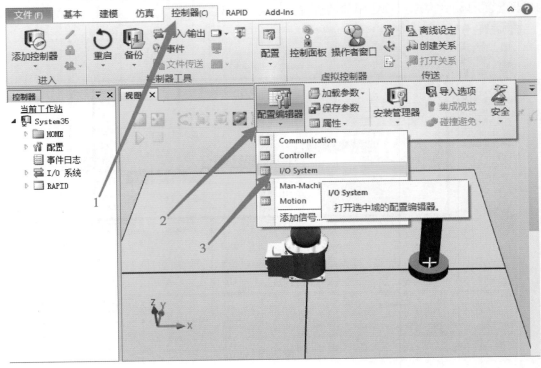

图 3.20

21）选中"Signal"右击选择"新建 Signal…"，如图 3.21 所示。

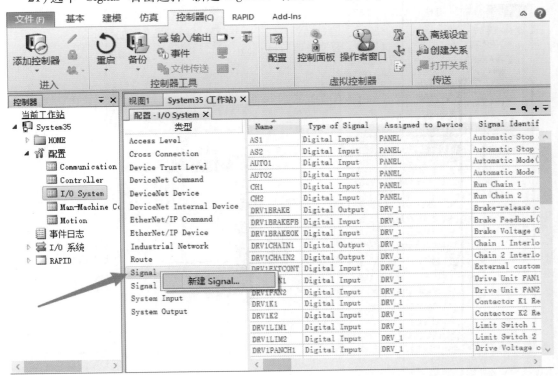

图 3.21

22）在"Name"输入"huosai"，在"Type of Signal"选择"Digital Output"，单击"确定"，如图 3.22 所示。

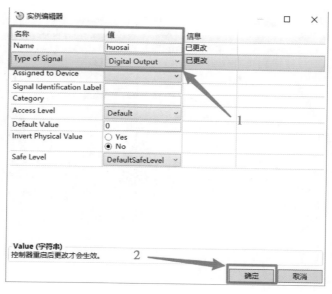

图 3.22

23）单击"确定"重启控制器，如图 3.23 所示。

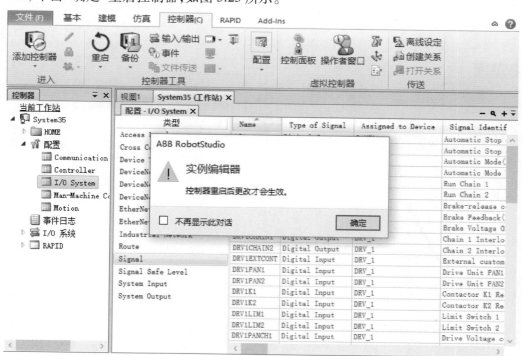

图 3.23

24）在"仿真"功能选项卡中选择单击"配置"下的"事件管理器"，如图 3.24 所示。

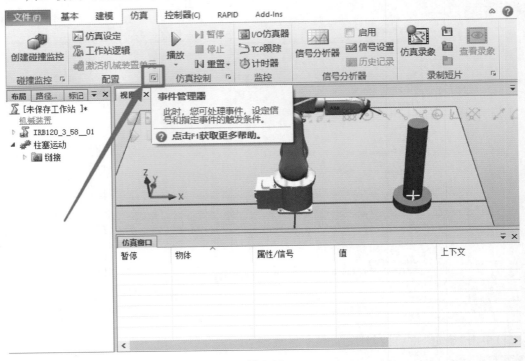

图 3.24

25）在弹出窗口中单击"添加"，如图 3.25 所示。

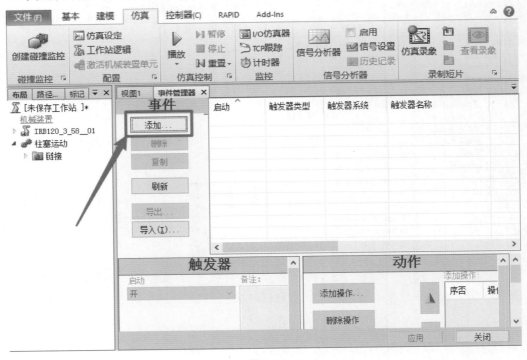

图 3.25

26）单击"下一个"，如图 3.26 所示。

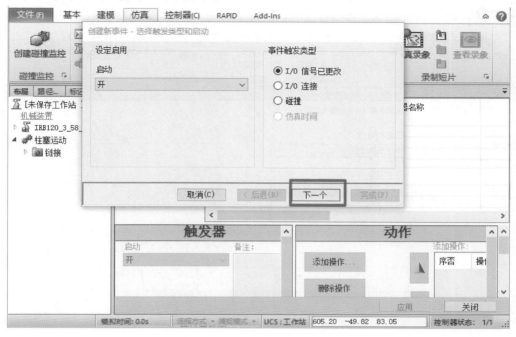

图 3.26

27）"信号名称"选择"huosai"；"触发器条件"选择"信号是 True（'1'）"；单击"下一个"，如图 3.27 所示。

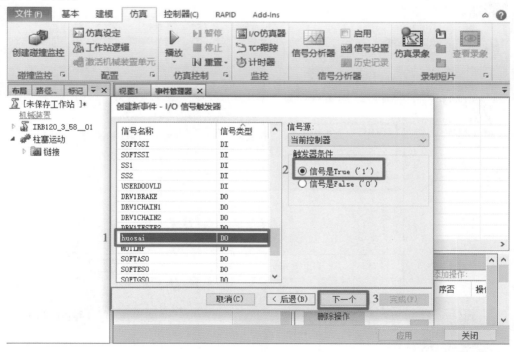

图 3.27

28) 在"设置动作类型"中选择"将机械装置移至姿态";单击"下一个",如图 3.28 所示。

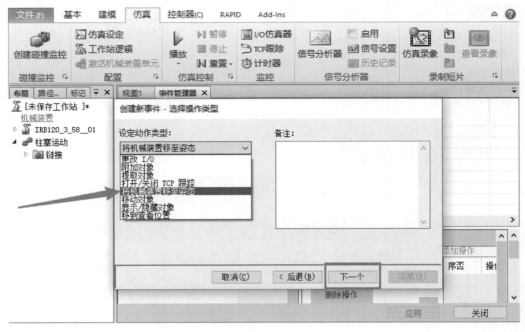

图 3.28

29) 在"机械装置"中选择"柱塞运动";在"姿态"中选择"姿态 1";单击"完成",如图 3.29 所示。

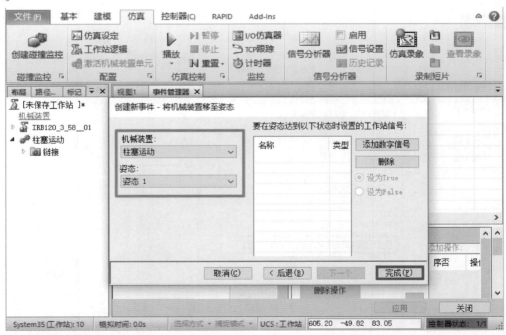

图 3.29

30)单击"添加",单击"下一个",如图 3.30 所示。

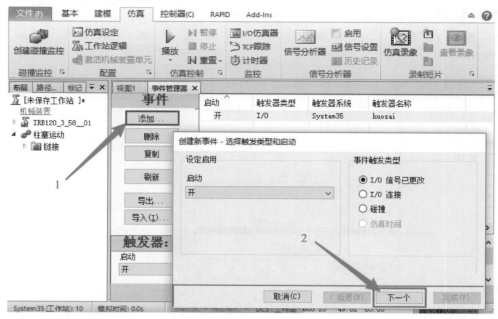

图 3.30

31)在"信号名称"中选择"huosai";在"触发器条件"中选择"信号是 False('0')";单击
"下一个",如图 3.31 所示。

图 3.31

32）在"设定动作类型"中选择"将机械装置移至姿态"；单击"下一个"，如图 3.32 所示。

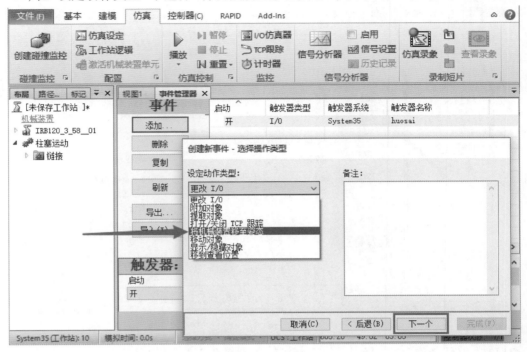

图 3.32

33）在"机械装置"中选择"柱塞运动"；在"姿态"中选择"原点位置"；单击"完成"，如图 3.33 所示。

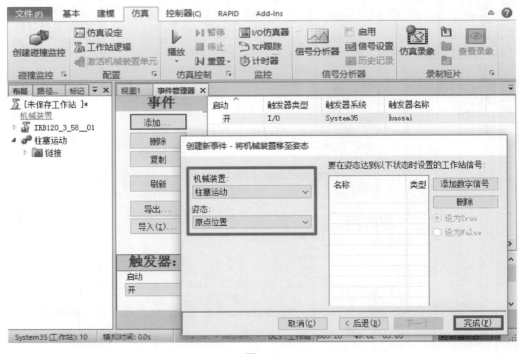

图 3.33

34）在"基本"功能选项卡中选择"路径"，单击"空路径"；生成路径"Path_10"，如图 3.34 所示。

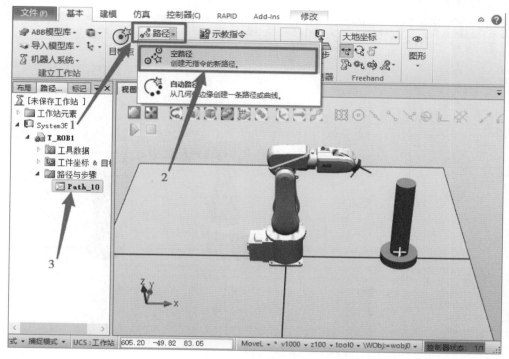

图 3.34

35）右击"Path_10"，在下拉菜单中单击"插入逻辑指令…"，如图 3.35 所示。

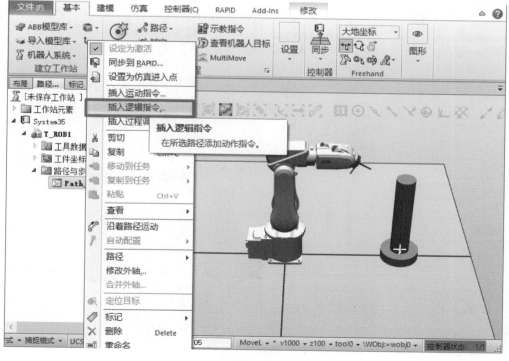

图 3.35

36）在"指令模板"选择"Set"；单击"创建"，如图 3.36 所示。

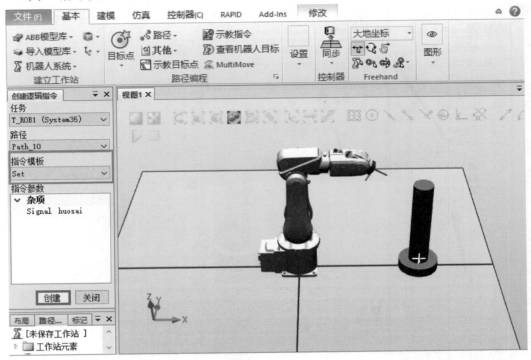

图 3.36

37）在"指令模板"中选择"WaitTime"；在"Time"中输入"5"（根据情况而定）；单击"创建"，如图 3.37 所示。

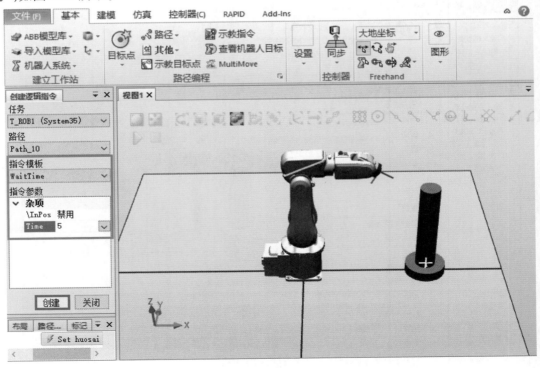

图 3.37

38）在"指令模板"中选择"Reset"；单击"创建"，如图3.38所示。

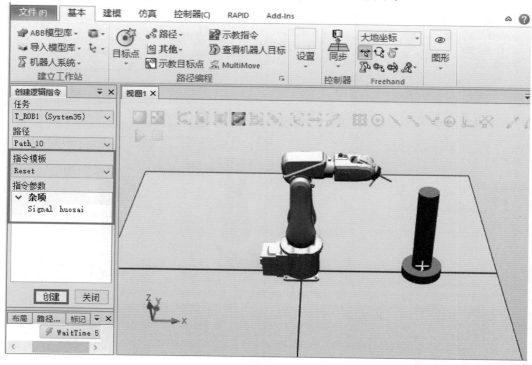

图3.38

39）在"指令模板"中选择"WaitTime"；在"Time"中输入"5"（根据情况而定）；单击"创建"，如图3.39所示。

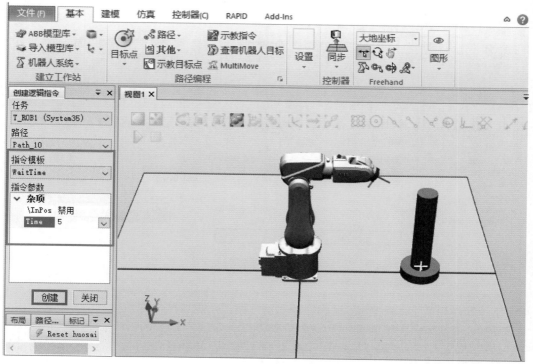

图3.39

40）单击"同步"选择"同步到 RAPID…"，如图 3.40 所示。

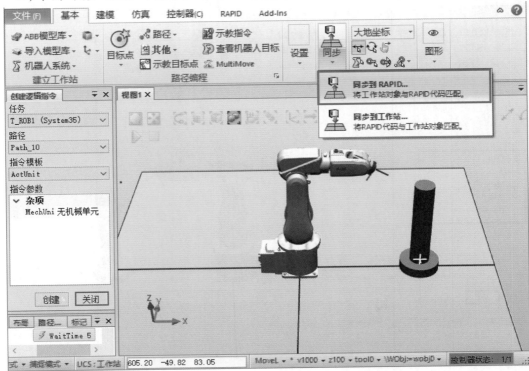

图 3.40

41）在"仿真"功能选项卡中单击"仿真设定"；选择系统后选择"进入点"为"Path_10"，如图 3.41 所示。

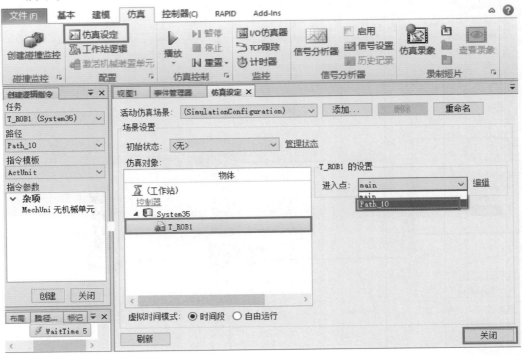

图 3.41

42）单击"播放"，可以看到机器人利用 I/O 来触发时间管理器里创建的柱塞运动机械装置运动，如图 3.42 所示。

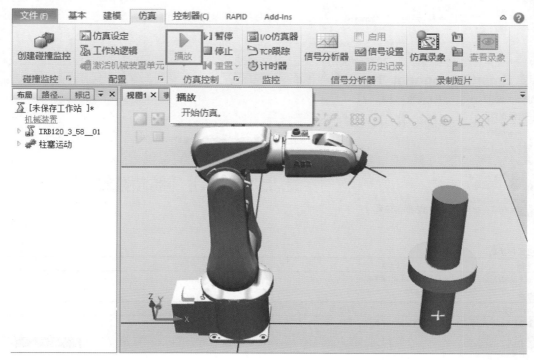

图 3.42

3.Smart 组件的介绍

Smart 组件需要系统地学习，会用到一些虚拟的传感器。需要了解一些传感器相关的知识和其控制的范围，包括各个传感器和周边联动时的一些逻辑控制。

1）Smart 组件编辑器由子对象组件、已保存状态等组成，如图 3.43 所示。

2）属性与连结选项卡，如图 3.44 所示。

3）信号和连接选项卡（包括：I/O 信号、I/O 连接），如图 3.45 所示。

4）"设计"选项卡可显示组件结构的图形视图，包括子组件、内部连接、属性和绑定。智能组件可通过查看屏幕进行组织，其查看位置将随同工作站一并存储，如图 3.46 所示。

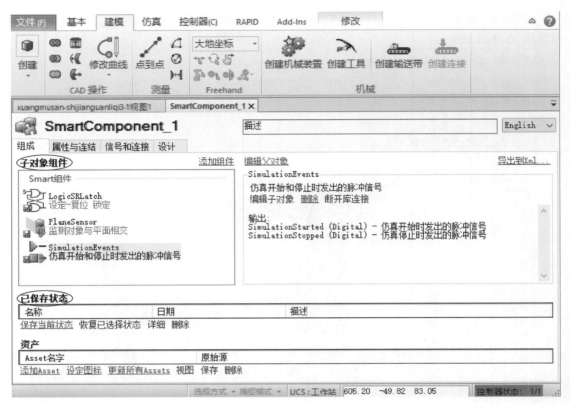

图 3.43

图 3.44

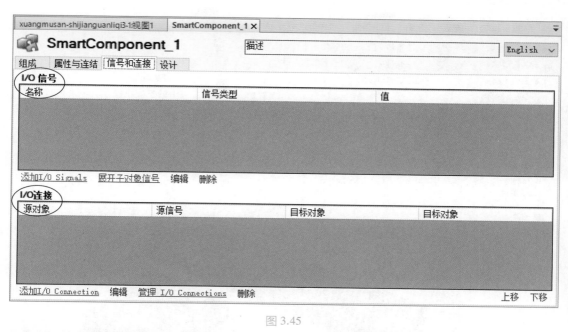

图 3.45

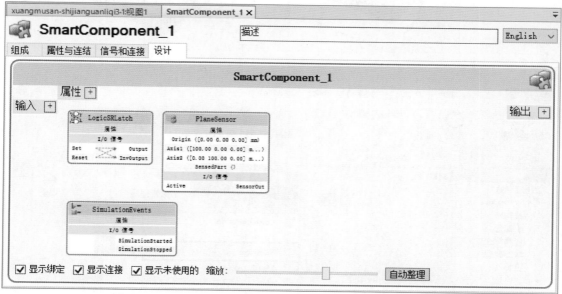

图 3.46

任务 3-2 事件管理器搬运

事件管理器搬运

1)创建工作站,如图 3.47 所示。

2)在"控制器(C)"功能选项卡中选择"配置编辑器",单击"I/O System",如图 3.48 所示。

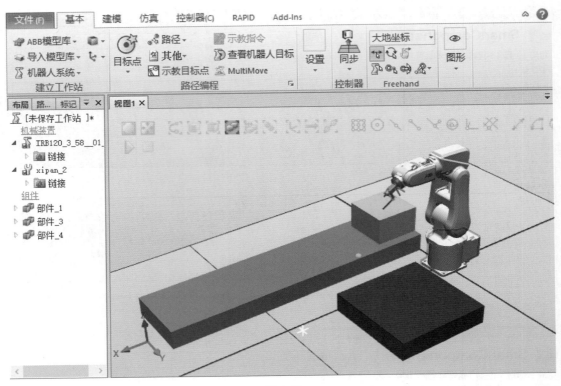

图 3.47

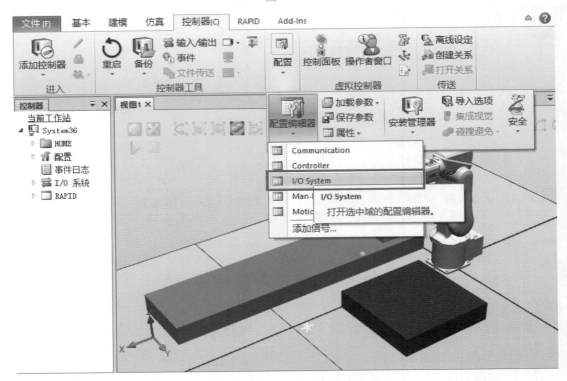

图 3.48

3)右击"Signal"添加如图 3.49 所示的四个信号,如图 3.49 所示。

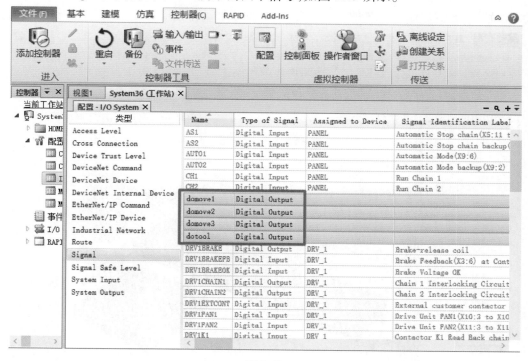

图 3.49

4)在"控制器(C)"功能选项卡中选择"重启",单击"重启动(热启动)",如图 3.50 所示。

图 3.50

5)打开"手动移动",选中"部件_2"将其往 X 轴方向拖到一定位置;单击"部件_2",选择"设定位置",查看位置 X、Y、Z 的坐标位置(为后面添加动作做准备),如图 3.51 所示。

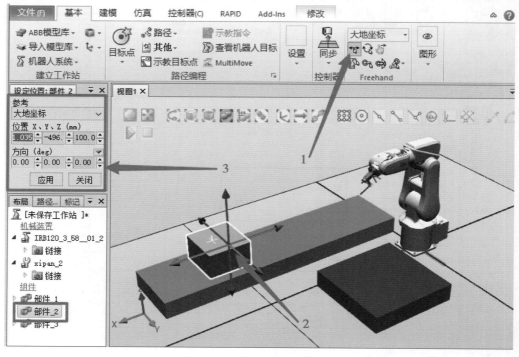

图 3.51

6)在"仿真"功能选项卡中单击配置中的"事件管理器";添加如图 3.52 所示的 5 个动作。5 个动作的移动设置:"domove1"移动的位置设为 1 000 mm,"domove2"移动的位置设为500 mm,"domove3"移动的位置设为 0 mm,如图 3.52 所示。

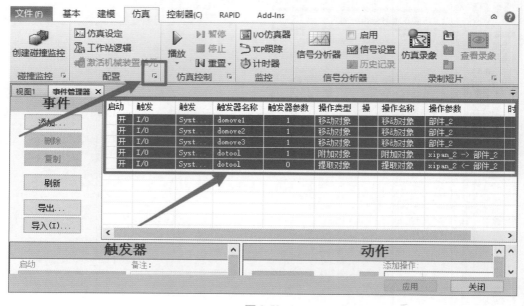

图 3.52

7）在"基本"功能选项卡中选择"路径"，单击"空路径"；生成路径"Path_10"，如图3.53所示。

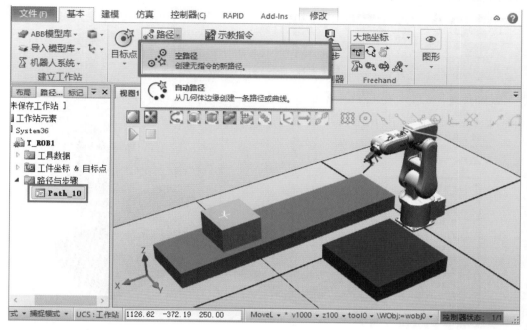

图 3.53

8）右击"Path_10"，在下拉菜单中单击"插入逻辑指令…"，如图3.54所示。

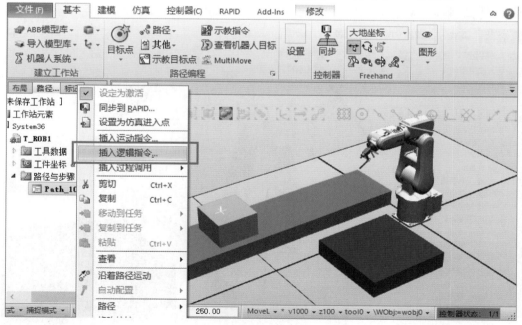

图 3.54

9)在"指令模板"创建线框中的路径指令,如图 3.55 所示。

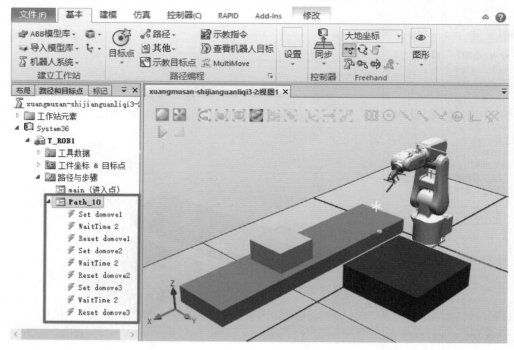

图 3.55

10)修改程序指令为"MoveJ v200 fine"并选择相应的工具;打开"手动关节";将机器人移动到"部件_2"附近,吸盘垂直地面;单击"示教指令",如图 3.56 所示。

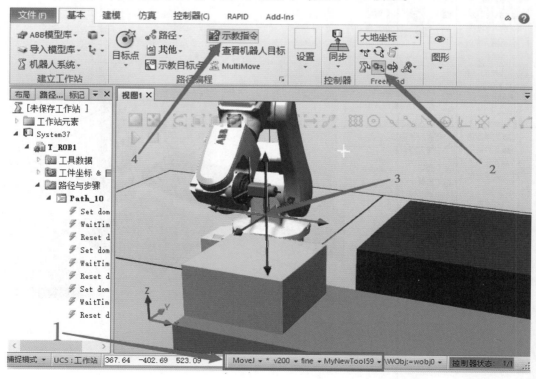

图 3.56

11）选择手动线性，将机器人移动到接近"部件_2"上表面，单击"示教指令"，如图 3.57 所示。

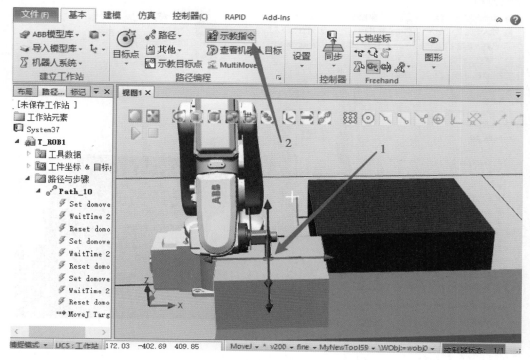

图 3.57

12）右击最后一条指令，在下拉菜单中单击"插入逻辑指令…"，如图 3.58 所示。

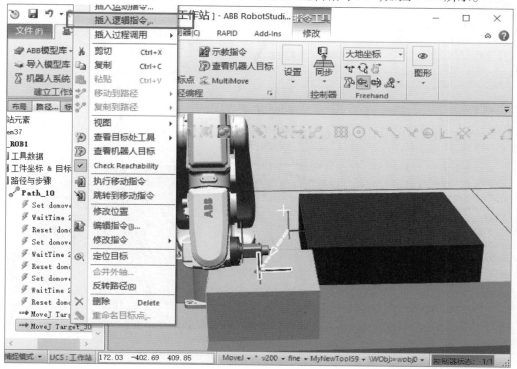

图 3.58

13）在"指令模板"创建线框中的两条指令，如图 3.59 所示。

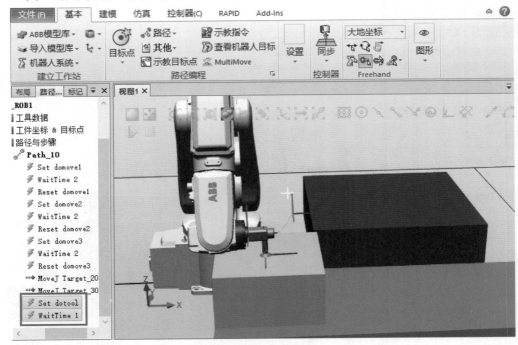

图 3.59

14）打开"手动线性"，将机器人往上移动离开"部件_2"，并有一定高度，单击"示教指令"，如图 3.60 所示。

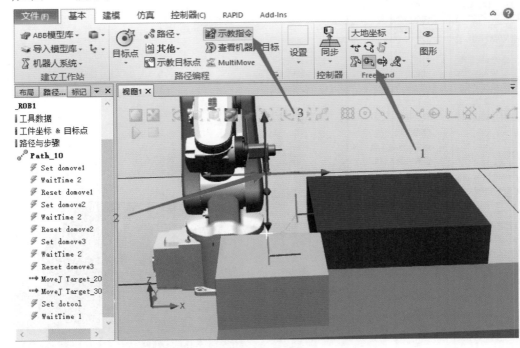

图 3.60

15)将机器人移动到"部件_3"上方,单击"示教指令",如图3.61所示。

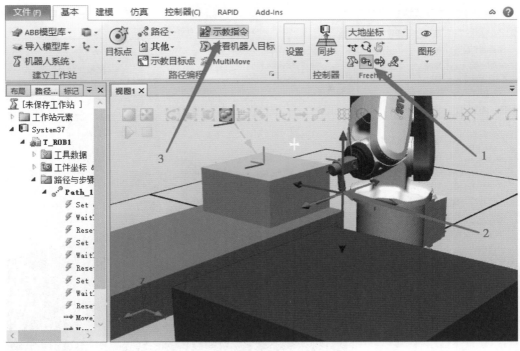

图 3.61

16)将机器人移到距离"部件_3"上方有"部件_1"高度的距离,单击"示教指令",如图
3.62所示。

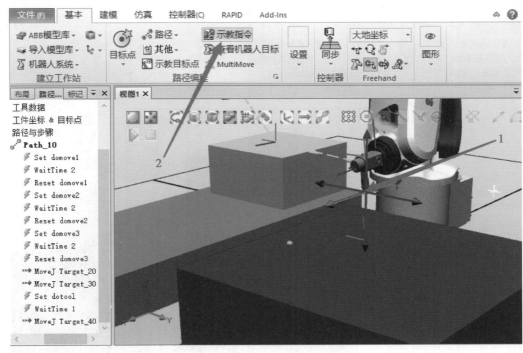

图 3.62

17）右击最后一条指令，在下拉菜单中选择"插入逻辑指令…"，如图 3.63 所示。

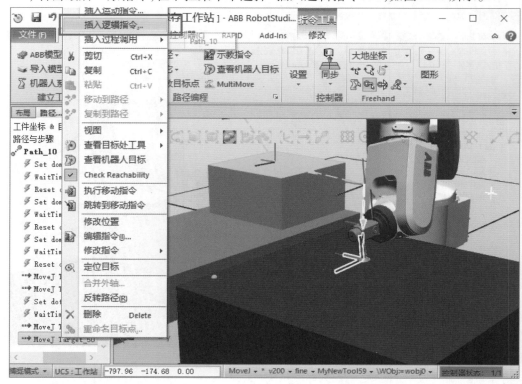

图 3.63

18）在"指令模板"创建线框中的两条指令，如图 3.64 所示。

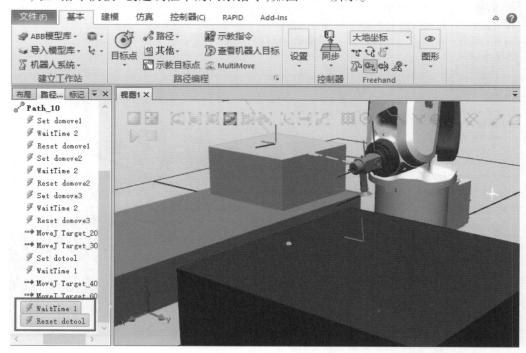

图 3.64

19）打开"手动线性"，将机器人移动到一定安全高度，单击"示教指令"，如图 3.65 所示。

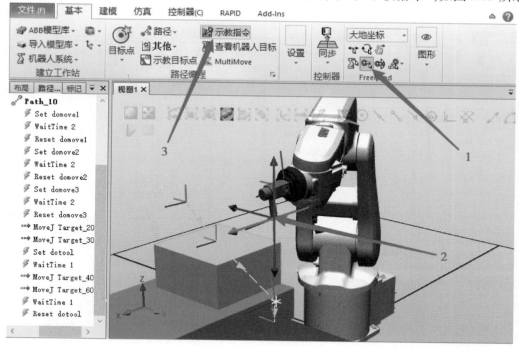

图 3.65

20）在"基本"功能选项卡中选择"同步"，单击"同步到 RAPID…"，如图 3.66 所示。

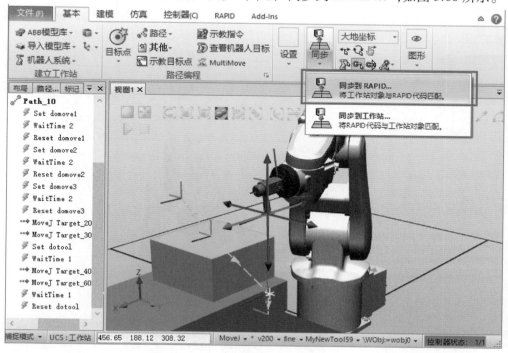

图 3.66

21) 在"仿真"功能选项卡中单击"仿真设定";选择相应的系统和选择"进入点"为"Path_10",如图 3.67 所示。

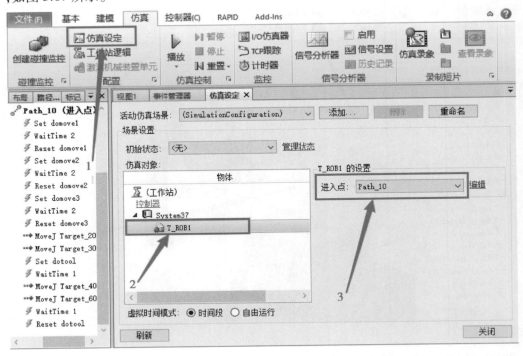

图 3.67

22) 在"布局"窗口中选中机器人然后右击,在下拉菜单栏中单击"回到机械原点",如图 3.68 所示。

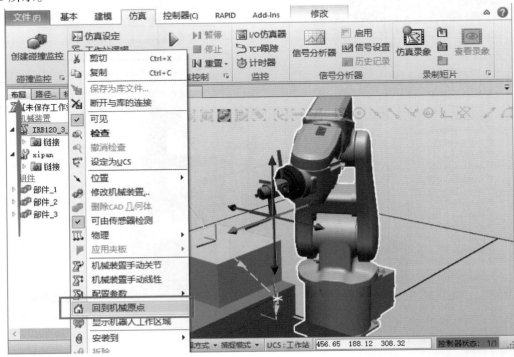

图 3.68

23)在"仿真"功能选项卡中单击"播放",即可看到机器人利用 I/O 来触发事件管理器进行搬运运动,如图 3.69 所示。

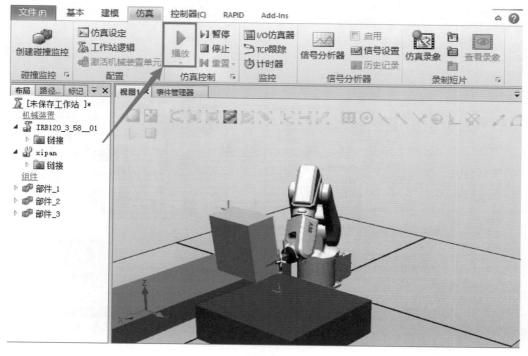

图 3.69

任务 3-3　输送链动画效果的制作

Smart 组件输送链动态效果包含:输送链前端自动生成产品,产品随着输送链向前运动,产品到达输送链末端后停止运动,产品被移走后输送链前端再次生成产品,……,依次循环。

(1)设定输送链的产品源

1)创建工作站,布局如图 3.70 所示。

2)在"建模"功能选项卡中单击"Smart 组件";将其命名为"SC_InFeeder";单击"添加组件",如图 3.71 所示。

3)在"动作"组件中单击选择"Source",表示为创建图形组件拷贝,如图 3.72 所示。

4)右击"Product",在下拉菜单选择"位置",单击"设定位置…"查看"Product"的位置是否为"0,0,0",如果不是,修改为"0,0,0",如图 3.73 所示。

5)右击"Product",在下拉菜单选择"修改(M)",后单击"设定本地原点",将位置设定为"0,0,0",如图 3.74 所示。

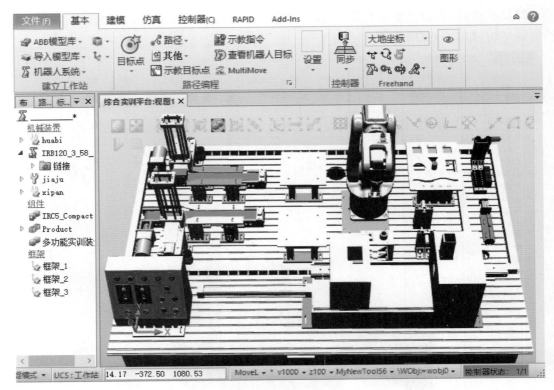

图 3.70

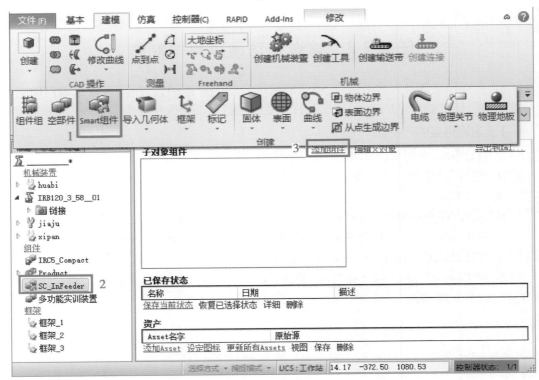

图 3.71

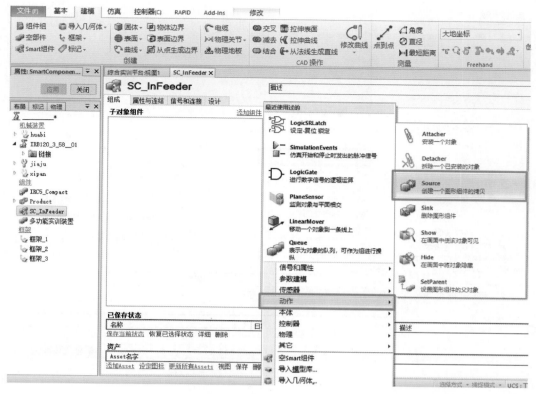

图 3.72

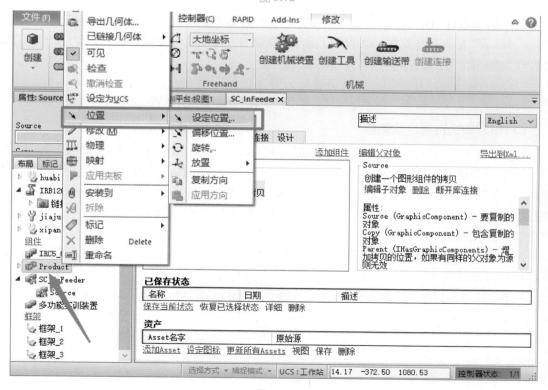

图 3.73

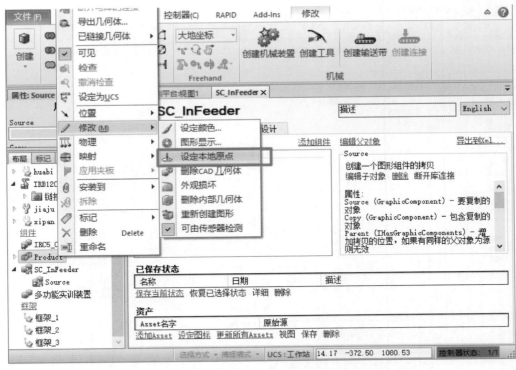

图 3.74

（2）设定输送链的运动属性

依次添加组件"Queue""LinearMover"，其中"Queue"表示将创建的图形拷贝添加队列；"LinearMover"表示为对象在一条直线上移动；设定"LinearMover"如图 3.75 所示，"Object"选择"SC_InFeeder/Queue"；

"Direction（mm）"中将第一个数值填写为"1"，代表的为方向；

"Speed（mm/s）"根据情况进行设定；单击"应用"，如图 3.75 所示。

（3）设定输送链限位传感器

1）单击"添加组件"在"传感器"中单击选择"PlaneSensor"添加面传感器，如图 3.76 所示。

2）选择合适的捕捉工具；在"Origin（mm）"参数的第一个数值里面单击一下，然后捕捉 A 点；然后将"Axis1（mm）"的 Y 轴数值设为"-80.00"，其他的数值为"0.00"，"Axis2（mm）"的 Z 轴数值设为"6.00"，其他的数值为"0.00"（根据大地坐标方向设定面传感器）；单击"Active"检查当前监控的物体（这里监控到是输送带），如图 3.77 所示。

3）右击"shusonglian"在下拉菜单中选择"修改（M）"，将"可由传感器检测"取消勾选（为后面能够检测输送带输送的产品做准备），如图 3.78 所示。

4）在"信号和属性"里添加组件"LogicGate"；逻辑运算"Operator"选择"NOT"；单击"关闭"，如图 3.79 所示。

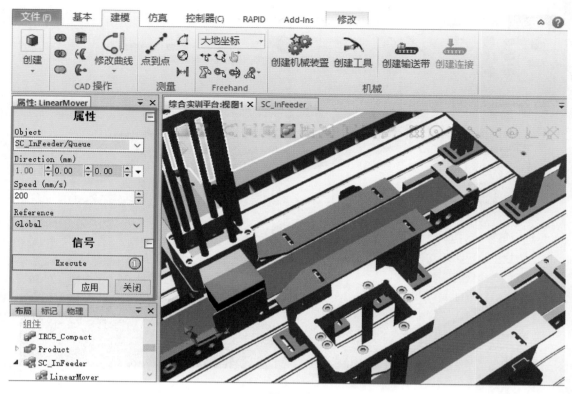

图 3.75

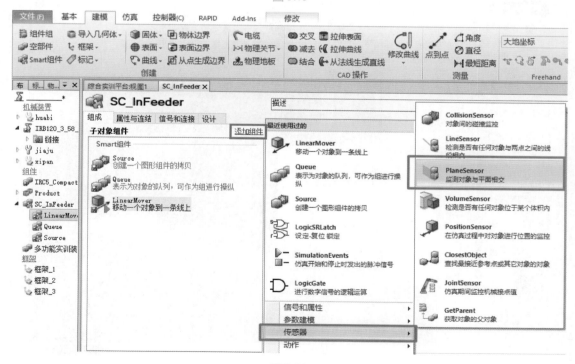

图 3.76

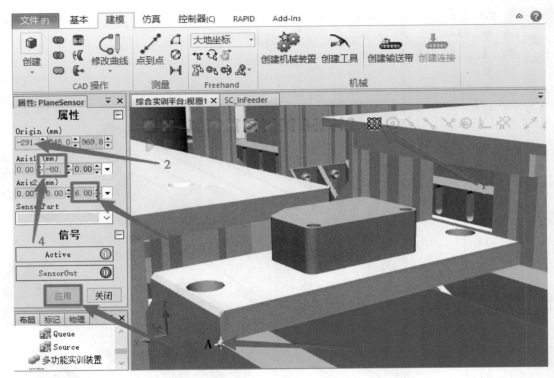

图 3.77

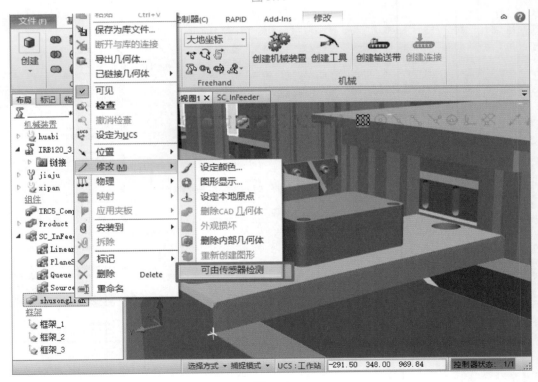

图 3.78

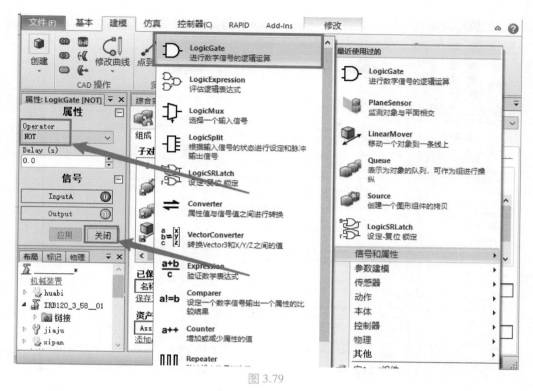

图 3.79

5）在"其他"中添加组件"SimulationEvents"（仿真开始和停止时发出的脉冲信号）、"LogicSRLatch"，如图 3.80 所示。

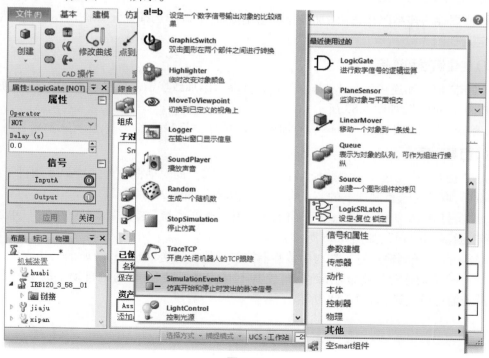

图 3.80

6）在"信号和属性"中添加组件"LogicSRLatch"（设定-复位 锁定），如图 3.81 所示。

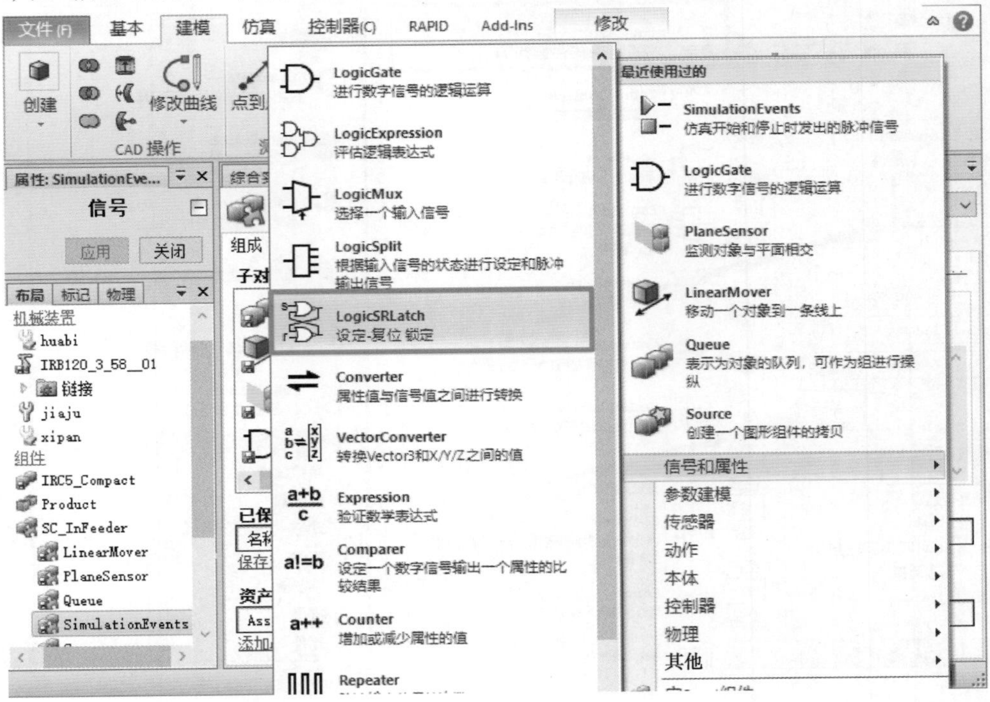

图 3.81

（4）创建属性与连结

单击"属性与连结"，单击"添加连结"，在弹出的窗口中选择设定如图所示参数，然后单击"确定"，如图 3.82 所示。

（5）创建信号和连接

1）单击"信号和连接"，单击"添加 I/O Signals"，添加数字输入信号"diStart"、数字输出信号"doProductInPos"，如图 3.83 所示。

2）单击"添加 I/O Connections"，添加如图 3.84 所示连接。

（6）仿真运行

1）在"仿真"功能选项卡中选择"仿真设定"；在弹出的对话框中勾选"Smart 组件下的 SC_InFeeder"，取消勾选控制器下的 system T 和 T_ROB1，如图 3.85 所示。

2）单击打开"I/O 仿真器"；在弹出的窗口中"选择系统"选择"SC_InFeeder"；单击"播放"，单击激活"diStart"，如图 3.86 所示。

3）复制品运送到输送链末端与面传感器接触后停止运送，如图 3.87 所示。

4）打开"手动移动"，将复制品移开，使其不与传感器接触；输送链自动生成下一个复制品，并沿着输送链运送，如图 3.88 所示。

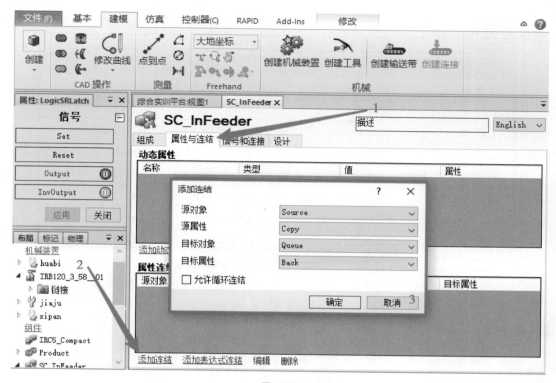

图 3.82

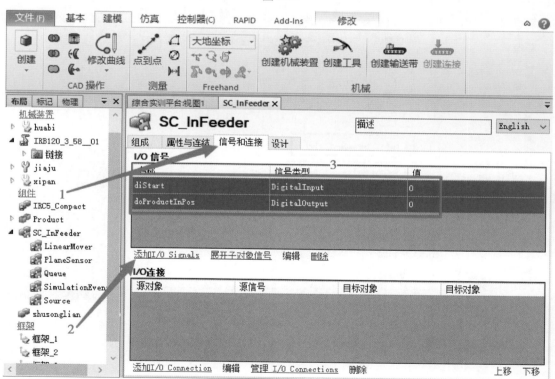

图 3.83

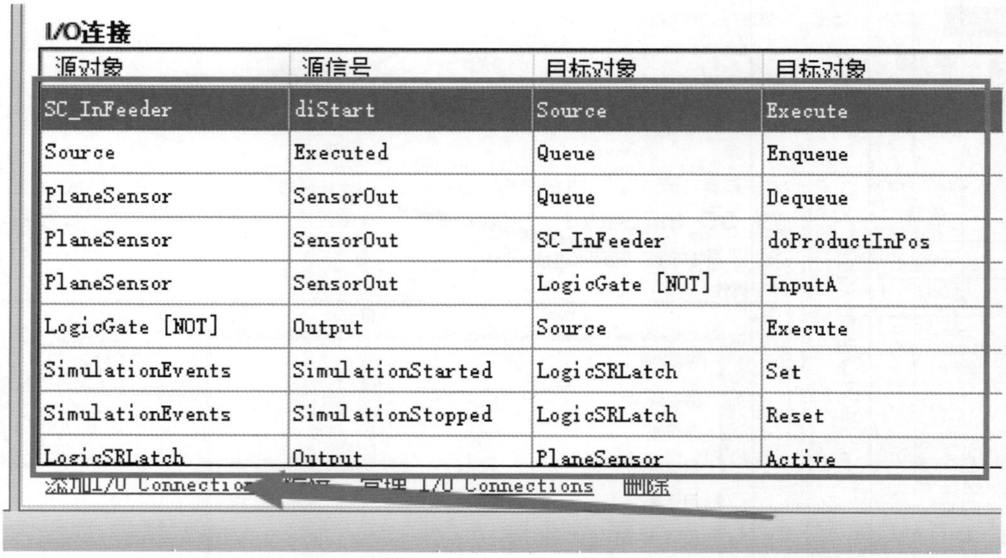

I/O连接

源对象	源信号	目标对象	目标对象
SC_InFeeder	diStart	Source	Execute
Source	Executed	Queue	Enqueue
PlaneSensor	SensorOut	Queue	Dequeue
PlaneSensor	SensorOut	SC_InFeeder	doProductInPos
PlaneSensor	SensorOut	LogicGate [NOT]	InputA
LogicGate [NOT]	Output	Source	Execute
SimulationEvents	SimulationStarted	LogicSRLatch	Set
SimulationEvents	SimulationStopped	LogicSRLatch	Reset
LogicSRLatch	Output	PlaneSensor	Active

添加I/O Connection 编辑 管理 I/O Connections 删除

图 3.84

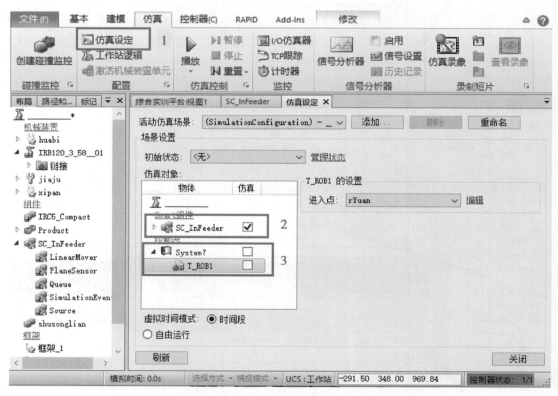

图 3.85

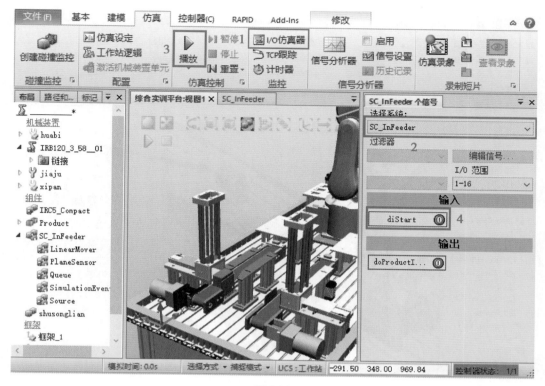

图 3.86

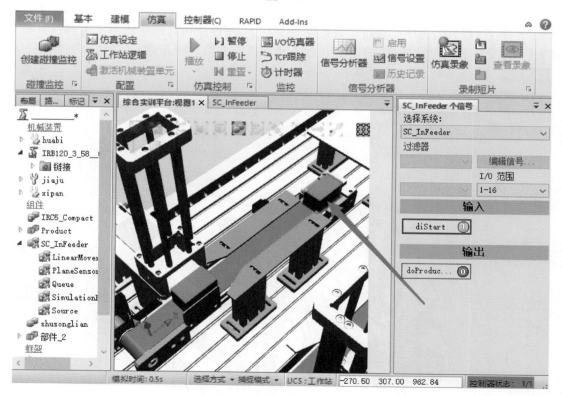

图 3.87

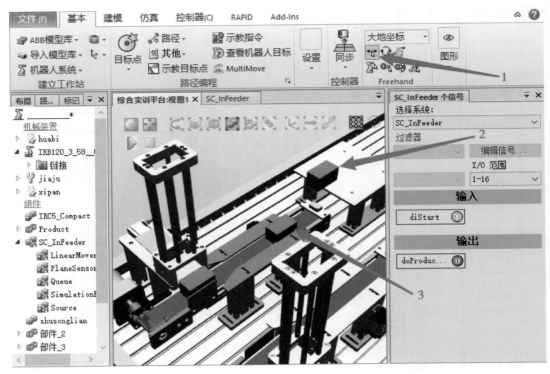

图 3.88

5)右击"Source",在弹出的下拉菜单栏中单击选择"属性",在弹出的窗口中将"Transient"进行勾选,这样复制品就只是临时存在了,在停止仿真的时候所产生的拷贝都会消失(为避免仿真的时候复制品不断产生使系统出错),如图 3.89 所示。

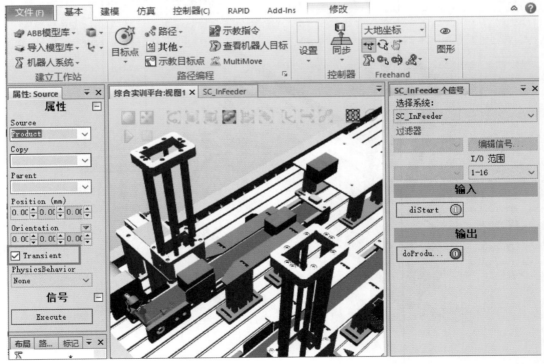

图 3.89

任务 3-4　夹具动画效果的制作

(1)设定拾取放置动作

1)在"建模"功能选项卡中单击添加"Smart 组件",将其名称命名为"jiaju",单击"添加组件"在"动作"中依次添加安装"Attacher"、拆除"Detacher"组件,如图 3.90 所示。

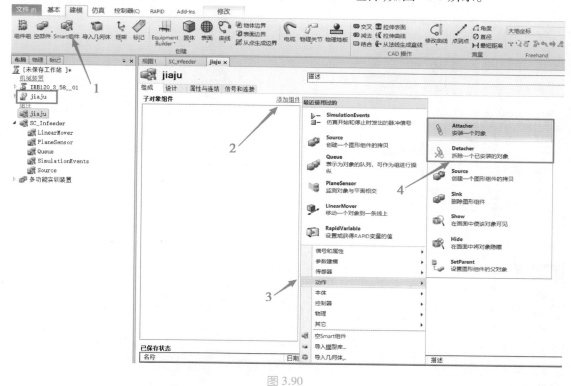

图 3.90

2)在"Attacher"的参数"Parant"选择为所使用的工具"jiaju",单击"应用",如图 3.91 所示。

(2)设定检测传感器

1)单击"添加组件",在"传感器"列表中单击添加"LineSensor"线传感器。

选择合适的捕捉工具,捕捉夹具上内表面中心点作为"Start"参数,"End"参数为设定线传感器的长度,可依据实际模型进行设定,"Radius"为线传感器的半径。

单击"Active"进行传感器检测,检查传感器是否能够检测到物件,如果检测到夹具则需要将夹具的"可由传感器检测"取消勾选,操作方法参考图 3.18,避免发生干扰,传感器只能检测到一个物件;然后单击"应用",如图 3.92 所示。

2)单击"LineSensor"在下拉菜单中单击"安装到",选择"jiaju",不改变传感器位置,如图 3.93 所示。

3)依次添加组件"LogicGate[NOT]""LogicSRLatch",如图 3.94 所示。

图 3.91

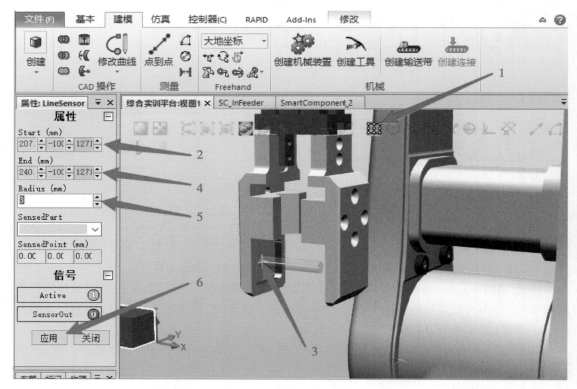

图 3.92

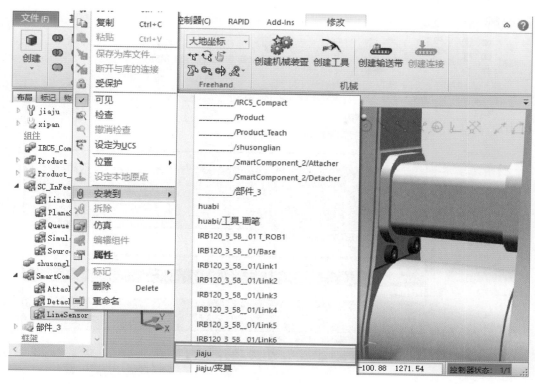

图 3.93

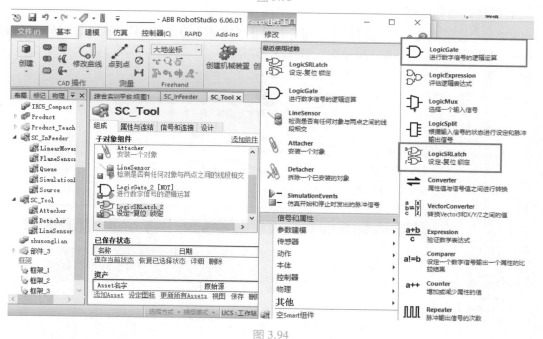

图 3.94

（3）创建属性与连接

选择"属性与连结"，在"属性连结"中单击"添加连接"，添加如图所示的连接，如图 3.95 所示。

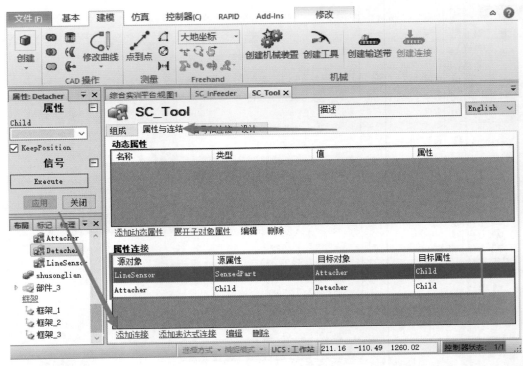

图 3.95

(4)创建信号和连接

1)选择"信号和连接",在"I/O 信号"中单击"添加 I/O Signals",添加数字输入信号"diTool"、数字输出信号"doVacuumOK",如图 3.96 所示。

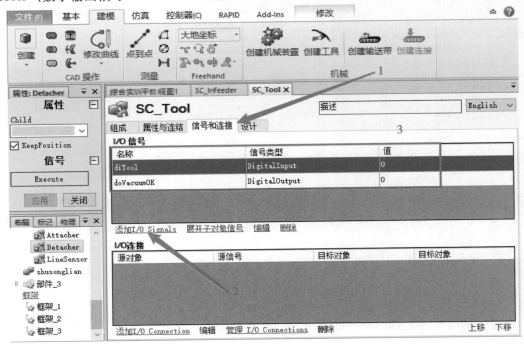

图 3.96

2）在"I/O连接"依次添加如图所示的连接，如图3.97所示。

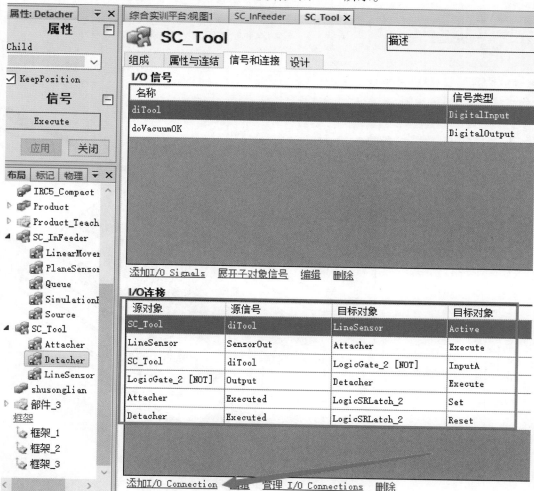

图 3.97

（5）Smart 组件的动态模拟运行

1）右击之前放置的工件"Product_Teach"，在下拉菜单中选择"修改（M）"，将"可由传感器检测"勾选上，如图3.98所示。

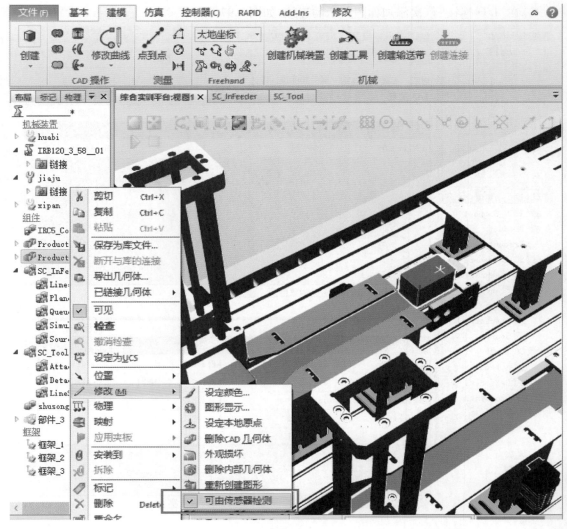

图 3.98

2）打开"手动线性"；将机器人"移动到工件"Product_Teach"的夹取位置上，如图 3.99 所示。

3）在"仿真"功能选项卡中单击"I/O 仿真器"；在弹出窗口中"选择系统"选择 "SC_Tool"；单击输入信号"diTool"置为 1，即可看到输出"doVacuumOK"也变为 1；移动机器 人可以看到工件也跟着移动，如图 3.100 所示。

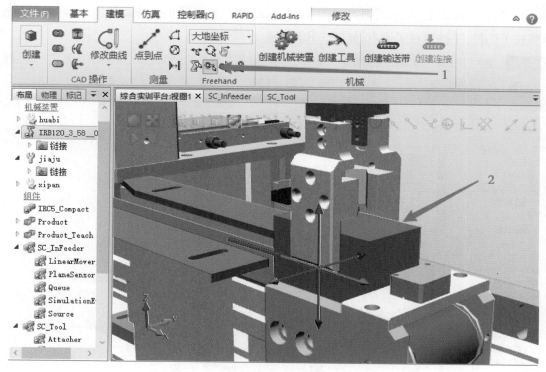

图 3.99

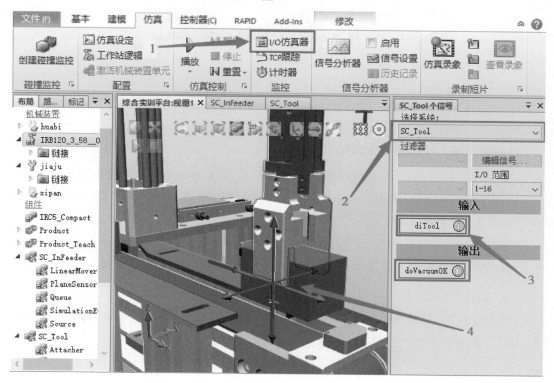

图 3.100

4) 单击"diTool"设置为0,即可看到"doVacuumOK"也变为0;再拖动机器人,可以看到夹具释放了工件,工件留在了原点,如图 3.101 所示。

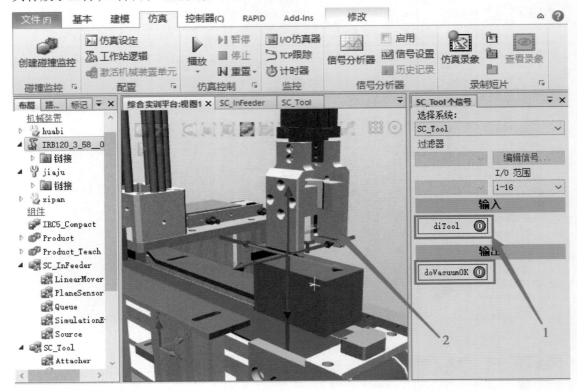

图 3.101

任务 3-5　工作站逻辑

(1)查看机器人程序及 I/O 信号

1)在"配置"功能选项卡中单击"配置编辑器",选择"I/O System",如图 3.102 所示。

2)右击"Signal"添加如图 3.103 所示信号,然后单击"重启",选择"重启动(热启动)(R)",如图 3. 103 所示。

3)在"RAPID"功能选项卡的"控制器"中展开"Module1",如图 3.104 所示。

(2)设定工作站逻辑

1)在"仿真"功能选项卡中单击"工作站逻辑",如图 3.105 所示。

2)单击进入"信号和连接",在"I/O 连接"中单击"添加 I/O Connection",添加如图所示连接,如图 3.106 所示。

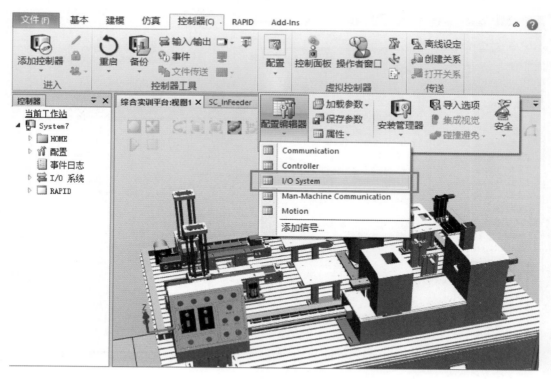

图 3.102

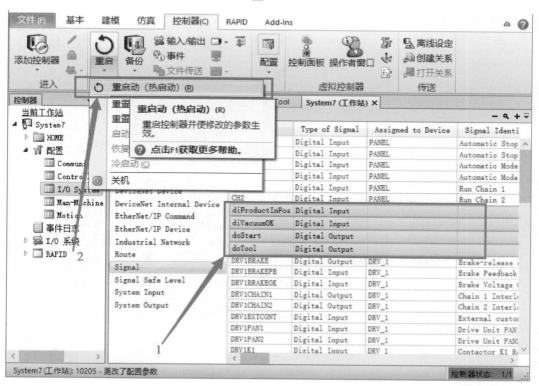

图 3.103

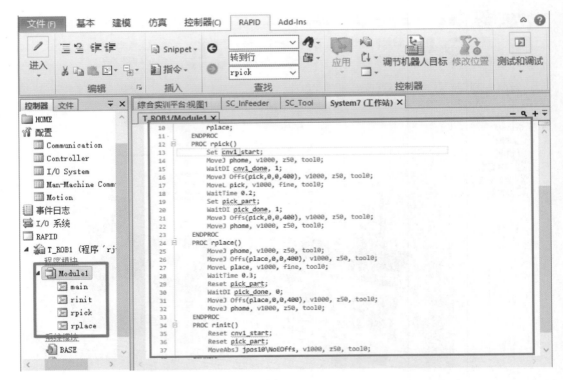

图 3.104

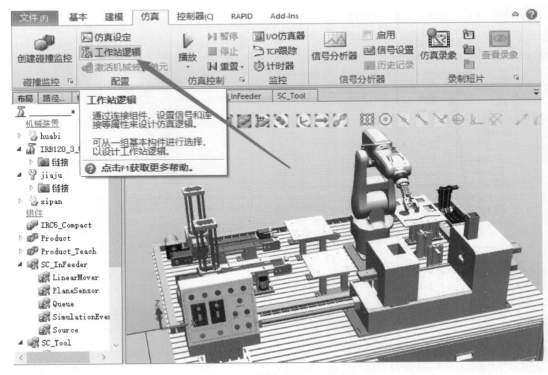

图 3.105

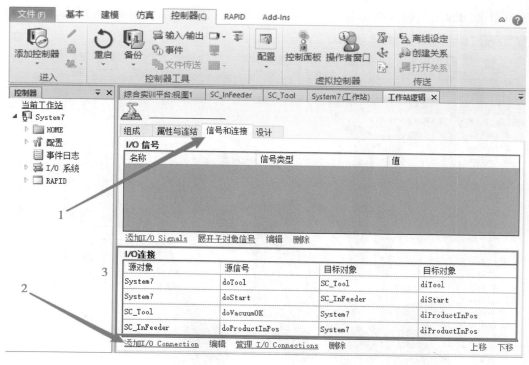

图 3.106

(3)仿真运行

1)在"仿真"功能选项卡中单击"I/O 仿真器";在弹出窗口"选择系统"选择"SC_InFeeder";单击"播放",如图 3.107 所示。

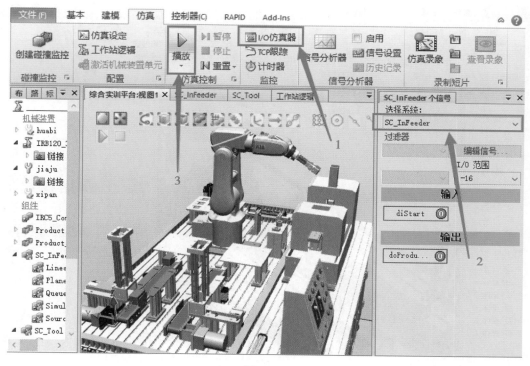

图 3.107

2）单击"diStart"，输送链前端产生复制品并沿着输送链运动，如图 3.108 所示。

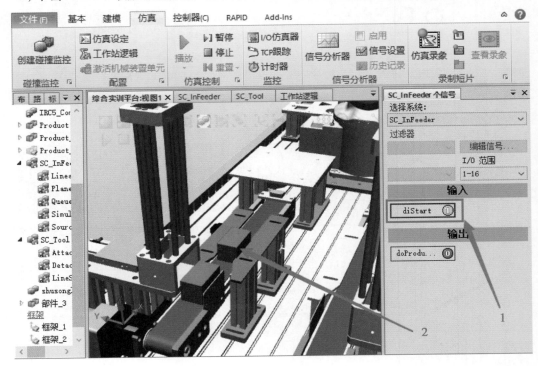

图 3.108

3）复制品到达输送链末端后，机器人接收到产品到位信号，机器人将产品拾取起来并放置到码垛平台的指定位置，如图 3.109 所示。

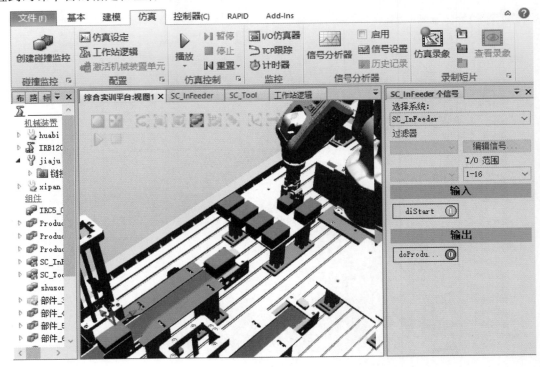

图 3.109

4)右击"Source"在下拉菜单栏中单击选择"product",在弹出的窗口中将"Transient"进行勾选,这样停止仿真的时候,所有的复制品会自动消失(防止产品不断地复制使系统出错),如图3.110所示。

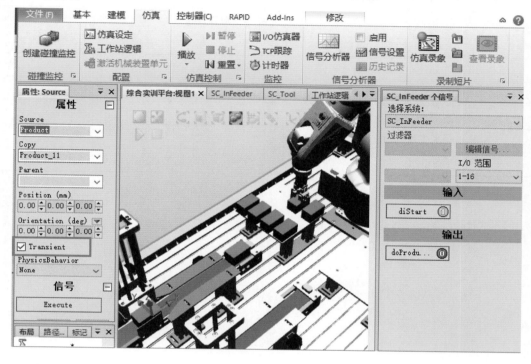

图3.110

5)完成之后,在"文件(F)"功能选项卡中选择"共享",单击"打包",方便以后使用和分享,如图3.111所示。

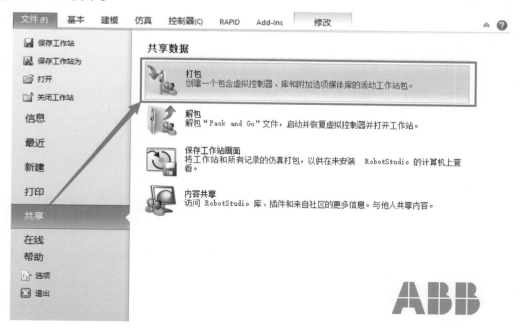

图3.111

学习检测

自我学习测评表如下表所示。

学习目标	自我评价			备注
	掌握	了解	重学	
用 Smart 组件创建动态输送链				
用 Smart 组件创建动态夹具				
工作站逻辑设定				
Smart 组件的子组件概况				
安全操作				

项目四

基于欧姆龙视觉的视觉系统调试

任务目标:

- 学会基于欧姆龙视觉的机器人系统的调试。
- 学会相机的调试。
- 理解机器视觉通信。
- 基于形状的视觉分拣调试。
- 基于颜色的视觉分拣调试。

任务描述:

该视觉装配工作站主要是以七巧板的分拣拼装为例,配备了欧姆龙 FQ-2S 系列智能相机及智能视觉系统,由光源及视觉相机等组成,用于检测工件的特性,如数字、颜色、形状等数据进行采集、分析及识别,还可以对装配效果进行实时检测操作。通过 I/O 电缆连接到 PLC 或机器人控制器,也支持串行总线和以太网总线连接到 PLC 或机器人控制器,对检测结果和检测数据进行传输。

任务 4-1　机器人系统调试

1.设定工具坐标系

(1)新建工具坐标系

1)在手动操纵窗口,单击"对准...",如图 4.1 所示。

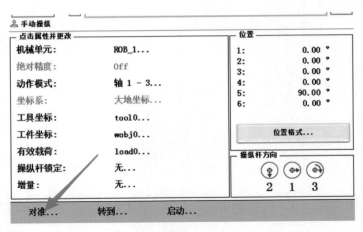

图 4.1

2）按下使能键使其处于第一档位状态，长按"开始对准"，观察机器人的运行情况，等到机器人不再动时，松开使能键，点击"关闭"，退出对准窗口，如图 4.2 所示。

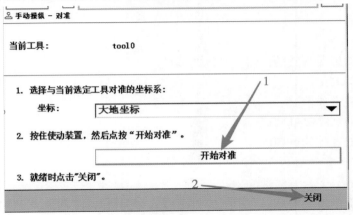

图 4.2

3）在程序数据窗口选中"tooldata"，然后单击"显示数据"，如图 4.3 所示。

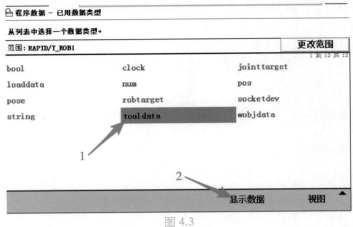

图 4.3

4）新建名称为 mytool 的程序数据，存储类型为可变量，如图 4.4 所示。

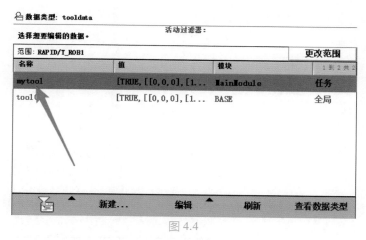

图 4.4

5)选择 mytool,单击"编辑",选择"更改值",如图 4.5 所示。

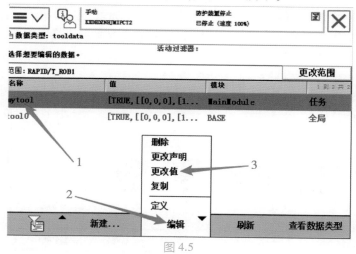

图 4.5

6)向下找到"mass:=",输入数值"2",此项为机器人工具及工具上附加物体的质量,单位:kg,根据实际情况进行设定,如图 4.6 所示。

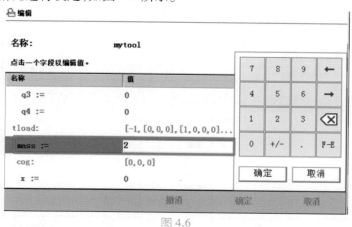

图 4.6

7)找到"cog-x:=",输入数值"0.00001",此项为工具重心偏移数值,单位:mm,根据实际情况进行设定,然后单击"确定",如图 4.7 所示。

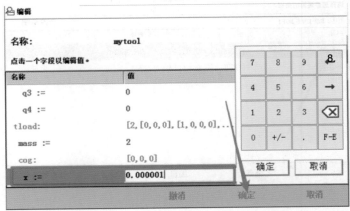

图 4.7

8)切换到"手动操纵"界面,在手动操纵窗口,打开"坐标系"选项,单击选择"基坐标",然后单击"确定",为建立工具坐标系选择基准坐标系,且选择基坐标便于操纵机器人,如图 4.8 所示。

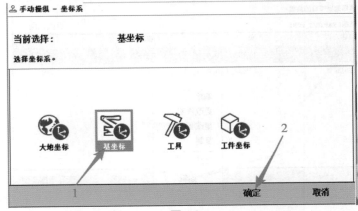

图 4.8

(2)设定工具坐标系

1)切换到程序数据窗口,选中"mytool",单击"编辑",然后单击"定义",如图 4.9 所示。

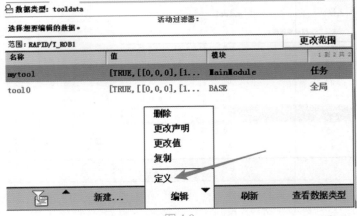

图 4.9

2）采用 TCP 默认四点法定义工具坐标，如图 4.10 所示。

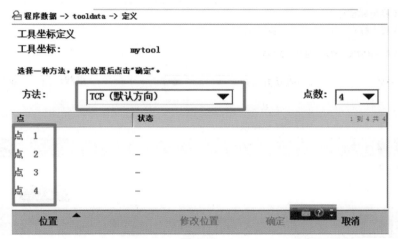

图 4.10

3）移动机器人 TCP 靠近尖端物体，修改位置进行坐标系设定，如图 4.11 所示。

4）第一点：机器人 TCP 尖端垂直向下，通过手动调整，使得 TCP 尖端与物体尖端接触，如图 4.12 所示。

图 4.11

图 4.12

5）单击"点 1"，然后单击"修改位置"，修改"点 1"位置并保存，如图 4.13 所示。

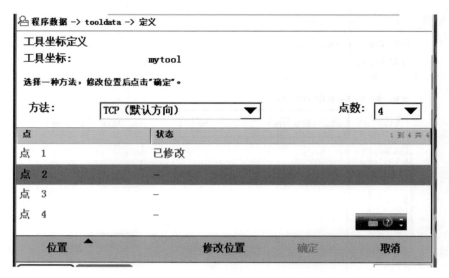

图 4.13

6)第二点:在第一点的基础上,将机器人动作方式切换为重定位,然后通过摇杆使机器人第 6 轴,顺时针方向转动 90°,然后将动作方式切换为线性运动,在增量模式下通过摇杆使机器人 TCP 尖端与物体尖端接触,如图 4.14 所示。

图 4.14

7)单击"点 2",然后单击"修改位置",修改"点 2"位置并保存,如图 4.15 所示。

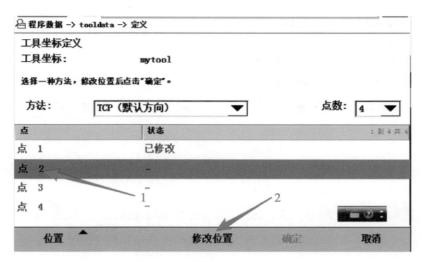

图 4.15

8）第三点：在第二点的基础上，将机器人动作方式切换为重定位，然后通过摇杆使机器人第 6 轴，逆时针方向转动 180°，然后将动作方式切换为线性运动，在增量模式下通过摇杆使机器人 TCP 尖端与物体尖端接触，如图 4.16 所示。

图 4.16

9）单击"点 3"，然后单击"修改位置"，修改"点 3"位置并保存，如图 4.17 所示。

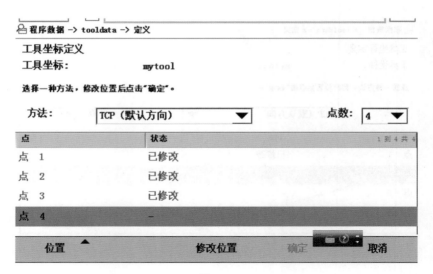

程序数据 → tooldata → 定义

工具坐标定义

工具坐标: mytool

选择一种方法,修改位置后点击"确定"。

方法: TCP (默认方向) ▼   点数: 4 ▼

点	状态	1 到 4 共 4
点 1	已修改	
点 2	已修改	
点 3	已修改	
点 4	—	

位置 ▲   修改位置   确定   取消

图 4.17

10)第四点:在第三点的位置上,将机器人稍稍向上抬起一定距离,切换机器人动作方式;将运动方式从线性切换为重定位,旋动操纵杆使机器人末端手臂与水平面呈 45°;然后将运动方式改为线性,将 TCP 端通过增量的方式移回到尖端相对,如图 4.18、图 4.19 所示。

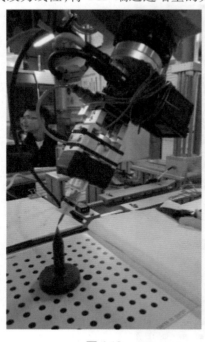

图 4.18

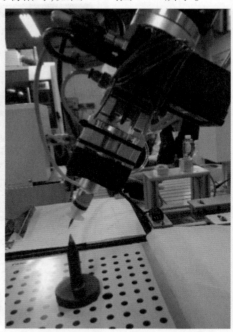

图 4.19

11)单击"点 4";然后单击"修改位置",修改"点 4"位置并保存;然后单击"确定",进行误差的计算,如图 4.20 所示。

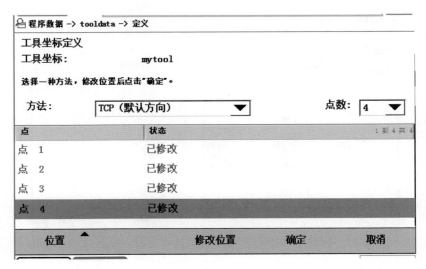

图 4.20

12）查看自动计算误差值，最大误差不超过 0.4 毫米，即可点击"确定"，退出定义工具坐标；如果最大误差大于 0.4 毫米，则需要重新进行工具坐标系的定义，如图 4.21 所示。

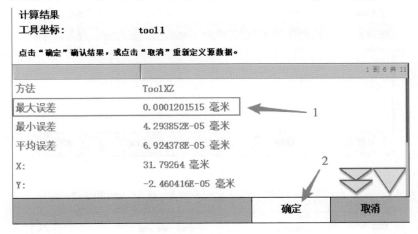

图 4.21

2.设定工件坐标系

（1）设定参数

1）在手动操纵窗口，单击"坐标系"，选择"工具"，然后单击"确定"，如图 4.22 所示。

2）单击"工具坐标"，选择"mytool"，然后单击"确定"，如图 4.23 所示。

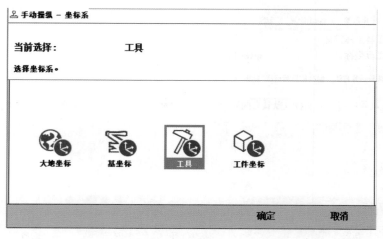

图 4.22

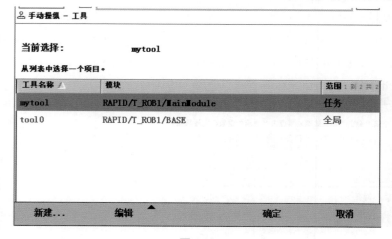

图 4.23

3)将位置格式修改为"欧拉角"格式,单击"位置格式..."。如图 4.24 所示。

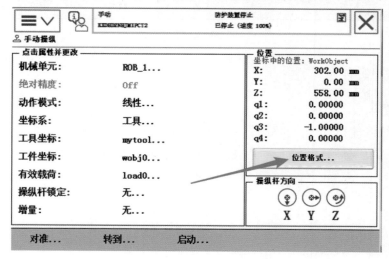

图 4.24

4）单击下拉按钮，单击选择"欧拉角"，然后单击"确定"，如图 4.25 所示。

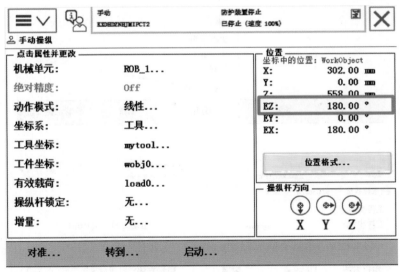

图 4.25

5）旋转操纵杆，转动第 6 轴，使示教器上"EZ"度数为 90°的整数倍（可正可负），如图 4.26 所示。

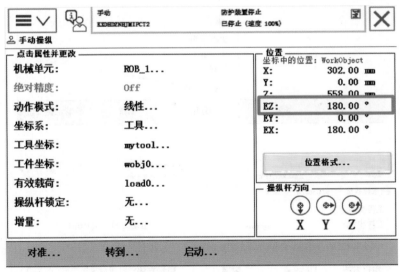

图 4.26

6）在程序数据窗口，创建数据类型为"wobjdata"的程序数据"myjob"，存储类型为"可变量"，如图 4.27 所示。

7）选中"myjob"，单击"编辑"，然后单击"定义"，如图 4.28 所示。

8）选择"3 点"法设定工件坐标系，以"3 点"法建立工件坐标系 X1、X2、Y1，X1 为坐标系原点，X1、X2 为 X 轴正方向，Y1 垂直于 X1、X2，为 Y 轴正方向，如图 4.29 所示。

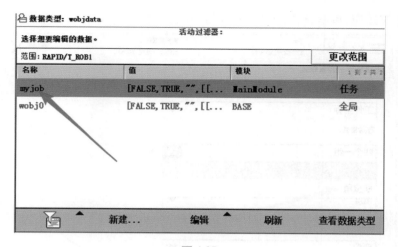

图 4.27

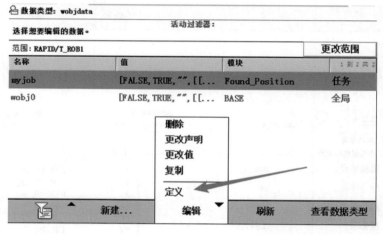

图 4.28

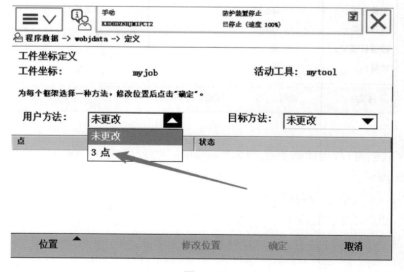

图 4.29

9）通过手动操纵将机器人 TCP 尖端移动到预定的 X1 点位置，如图 4.30 所示。

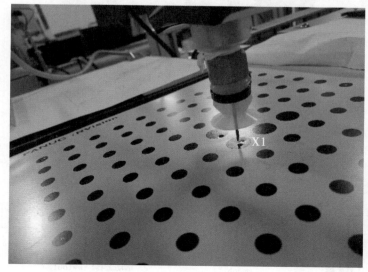

图 4.30

10）选中"用户点 X1"，然后单击"修改位置"，修改 X1 点位置并保存，如图 4.31 所示。

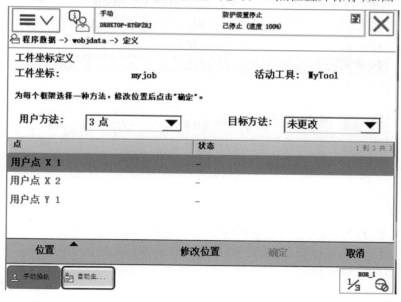

图 4.31

11）通过手动操纵机器人，将机器人 TCP 尖端移动到预定的 X2 点位置，如图 4.32 所示。

12）选中"用户点 X2"，然后单击"修改位置"，修改 X2 点位置并保存，如图 4.33 所示。

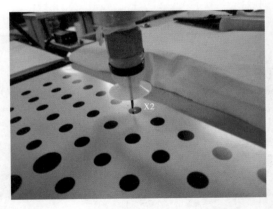

图 4.32

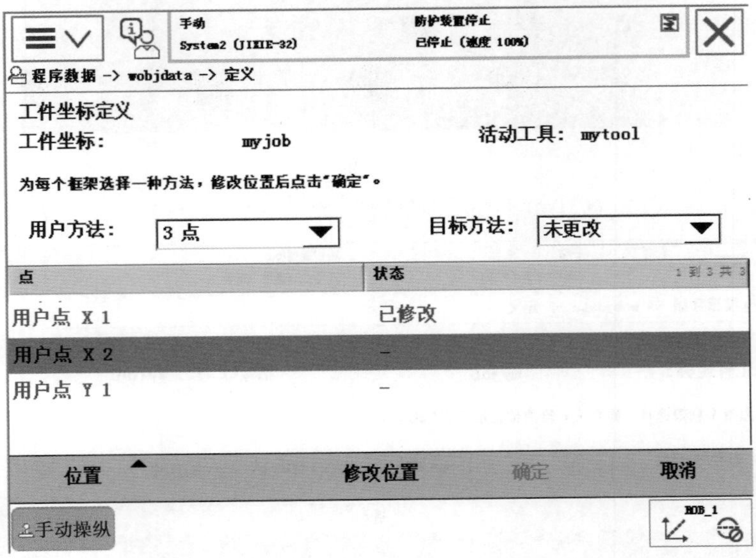

图 4.33

13) 通过手动操纵将机器人 TCP 尖端移动到预定的 Y1 点位置, 如图 4.34 所示。

14) 选中"用户点 Y1", 然后单击"修改位置", 修改 Y1 点位置并保存, 然后单击"确定", 如图 4.35 所示。

图 4.34

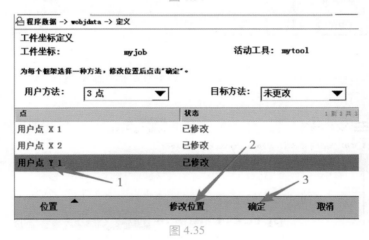

图 4.35

（2）修改"ppick.trans"点位中的 Z 轴坐标，使 Z 轴数值大于 0，避免 TCP 碰撞到平台

1）在程序编辑器中找到物料偏移例行程序并选中，单击"显示例行程序"，如图 4.36 所示。

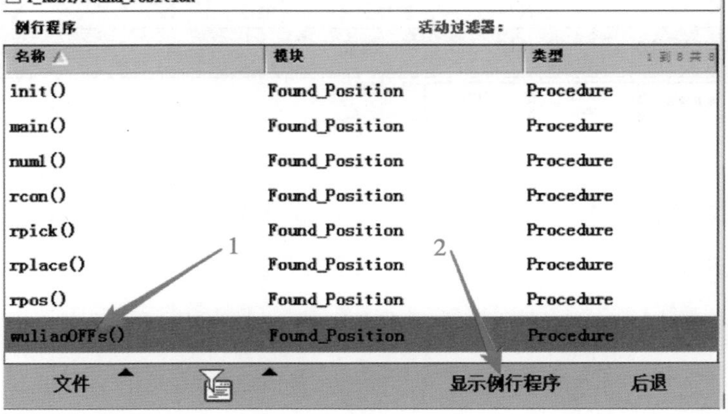

图 4.36

2）找到"ppick.trans"指令,双击[nX,nY,-1.45],进行数值修改,如图 4.37 所示。

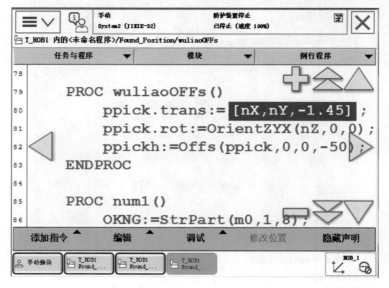

图 4.37

3）将数值修改为[nX,nY,2],将 Z 轴数值修改为正值,避免吸盘与工件发生碰撞,如图 4.38所示。

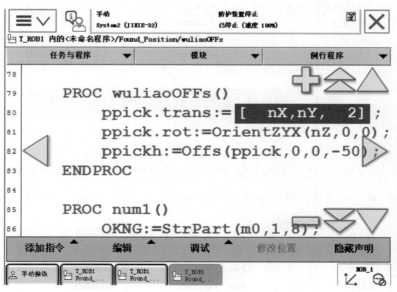

图 4.38

（3）备注行:不让程序运行下去,循环运行某一部分程序,检验坐标系设定情况

1）在程序编辑器中选中主程序,单击"显示例行程序",如图 4.39 所示。

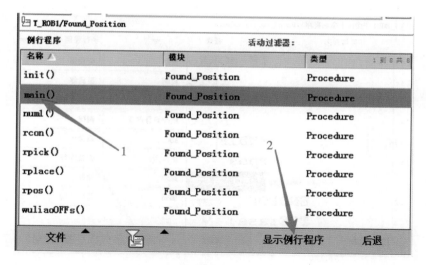

图 4.39

2）选中物料放置子程序调用语句"rplace;"，单击"编辑"，然后单击"备注行"，如图 4.40 所示。

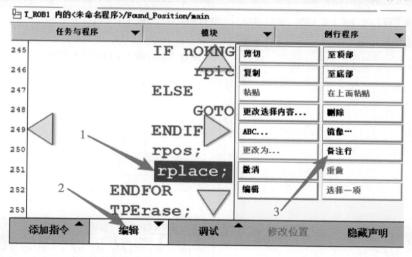

图 4.40

3）语句"rplace;"左侧出现"!"，表明该语句已被备注，程序将不会往下执行；如果需要取消备注行，选中语句后单击"去备注行"即可，如图 4.41 所示。

4）利用网络串口调试助手创立 TCP 客户端，监听成功过后，发送位置指令［0010.
0000000.0000000.0000000.000］原点位置、［0010.0000010.0000000.0000000.000］x＝10 位置、
［0010.0000000.0000010.0000000.000］y＝10 位置、［0010.0000010.0000010.0000000.000］x＝y＝10
位置等指令验证工件坐标系的正确性，如图 4.42 所示。

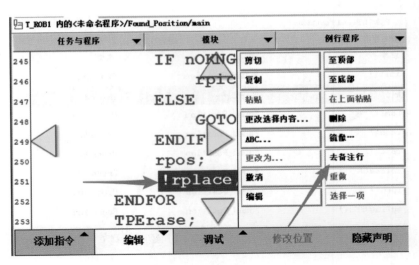

图 4.41

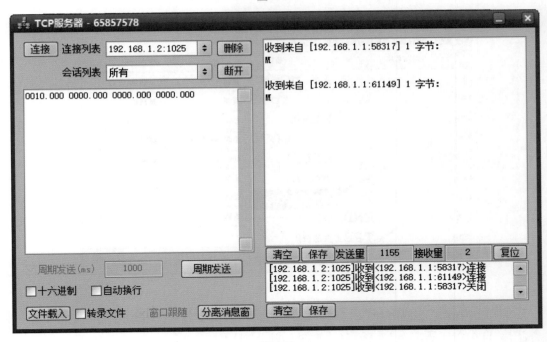

图 4.42

任务 4-2　相机调试

　　相机调试主要是用网线将相机与计算机连接起来,使两者之间能够通信,并在计算机上通过相应的软件进行工件的特性(数字、颜色、形状等)数据进行采集、分析及识别,相机、计算机、机器人连接示意图如图 4.43 所示。

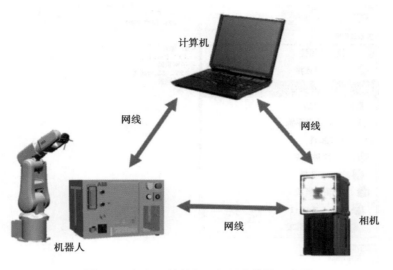

图 4.43　相机、计算机、机器人连接示意图

1.更改计算机 IP 地址

在图 4.43 中,机器人、计算机及相机之间是用网线连接起来。如果要让三者能够正常连接通信,必须让三者在同一网段的 IP 内,计算机 IP 地址可以设定,相机内无 IP 地址但可以添加,而机器人系统内是有 IP 地址的,所以我们只需要通过示教器查看机器人系统内的 IP 地址,计算机与相机进行相应的修改即可。

(1)查看机器人 IP

单击"系统信息",在控制器属性中查找到需要的 IP 地址"192.168.1.2",子网掩码"255.255.255.0",如图 4.44、图 4.45 所示。

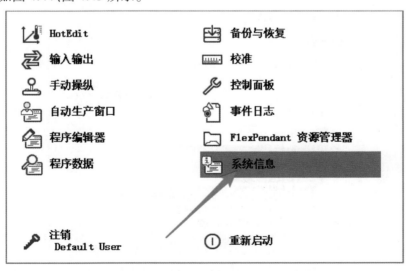

图 4.44

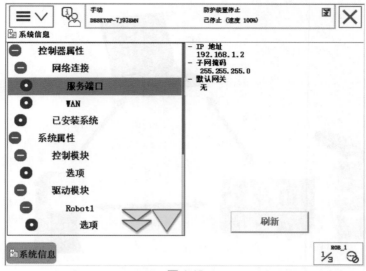

图 4.45

(2)更改计算机 IP

1)用网线将相机与计算机连接,单击"打开'网络和 Internet'设置",如图 4.46 所示。

图 4.46

2)单击"更改适配器选项"选中以太网,右击以太网,在弹出的菜单中单击"属性",双击"Internet 协议版本 4(TCP/IPv4)",如图 4.47 所示。

图 4.47

3）单击勾选"使用下面的 IP 地址（S）"，在 IP 地址处输入"192.168.1.10"，在子网掩码处单击一下，自动弹出子网掩码，然后单击"确定"，如图 4.48 所示。

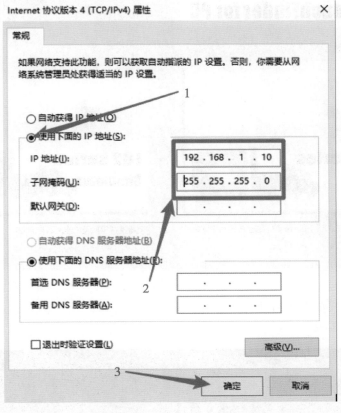

图 4.48

2.软件调试

1）打开软件"TouchFinder for PC"，如图 4.49 所示。

图 4.49

2）选择单击"连接到传感器（在线）"，如图 4.50 所示。

图 4.50

3）单击"确定"，如图 4.51 所示。

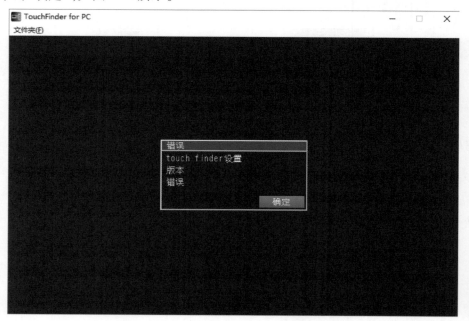

图 4.51

（1）以太网设定

1）单击"传感器设定"，如图 4.52 所示。

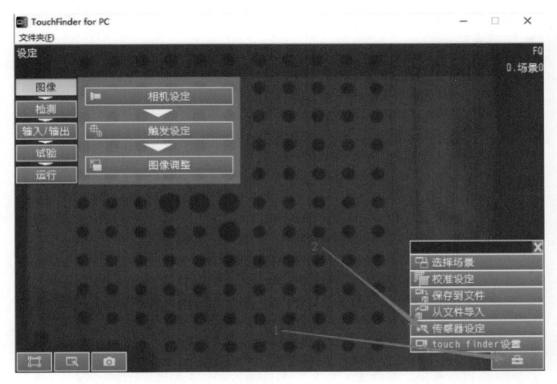

图 4.52

2）单击"网络"，如图 4.53 所示。

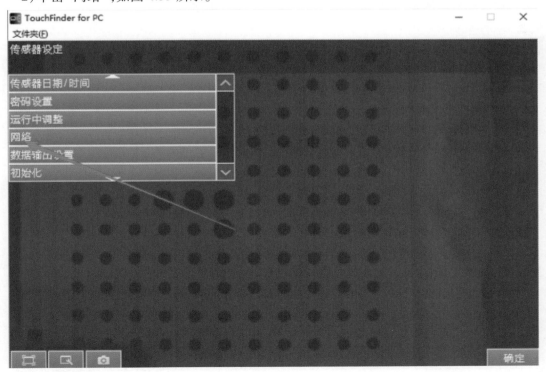

图 4.53

3）单击"以太网"，如图 4.54 所示。

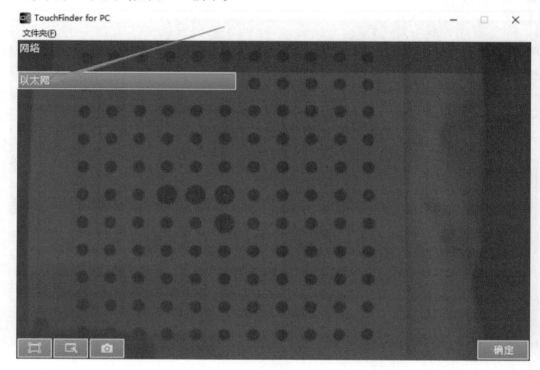

图 4.54

4）修改参数如图 4.55 所示，然后单击"确定"，如图 4.55 所示。

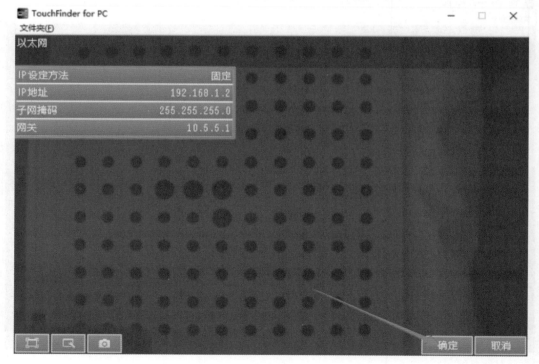

图 4.55

5）单击"确定"，如图 4.56 所示。

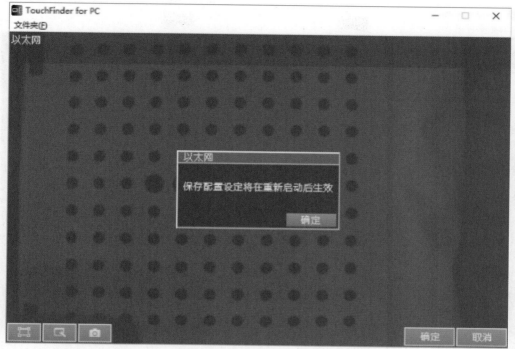

图 4.56

（2）数据输出设定

1）单击"数据输出设置"，如图 4.57 所示。

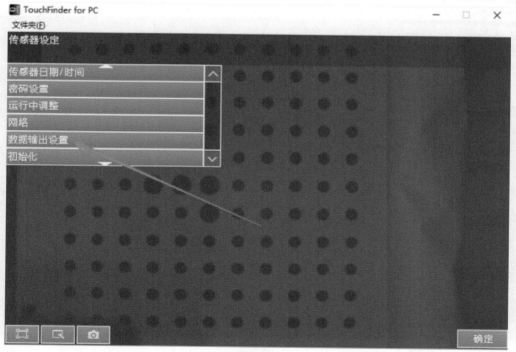

图 4.57

2）单击"无协议通信数据输出设置"，如图 4.58 所示。

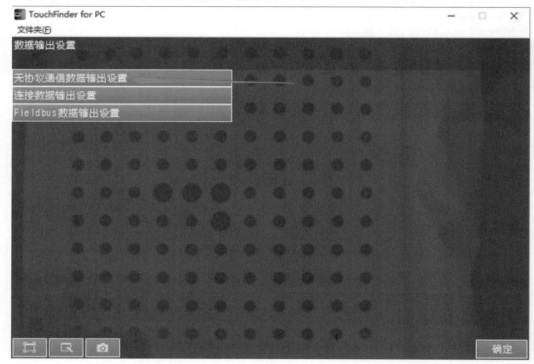

图 4.58

3）单击"输入目的端口号"，输入数值"1025"，然后单击"确定"，如图 4.59 所示。

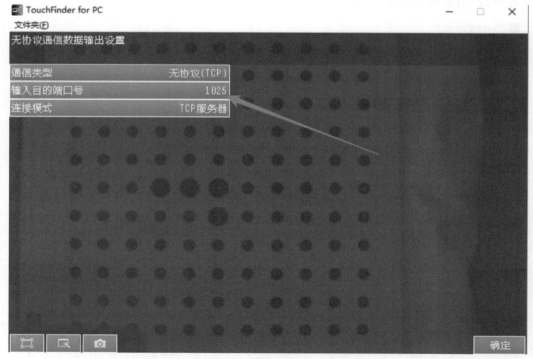

图 4.59

4)单击"是的",如图 4.60 所示。

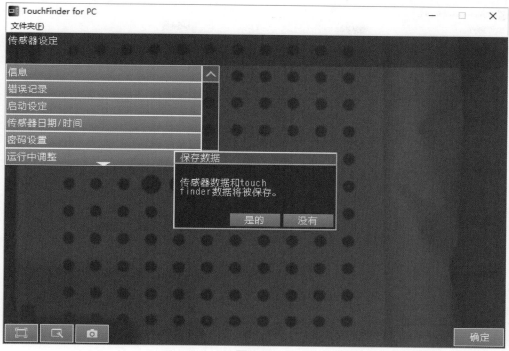

图 4.60

(3)保存数据并重启

1)单击"试验",然后单击"保存数据",再单击"是的",如图 4.61 所示。

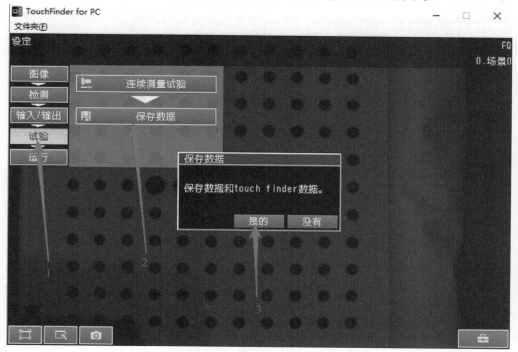

图 4.61

2）单击"传感器设定"，如图 4.62 所示。

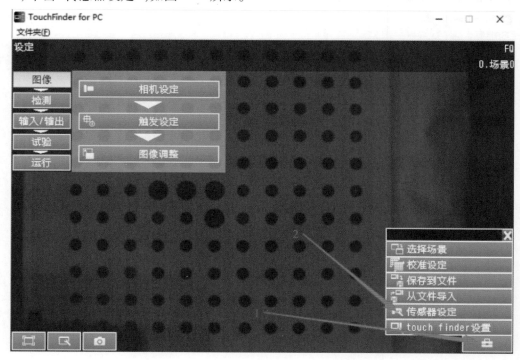

图 4.62

3）单击"重启"，然后在弹出的对话框中单击"是的"，如图 4.63 所示。

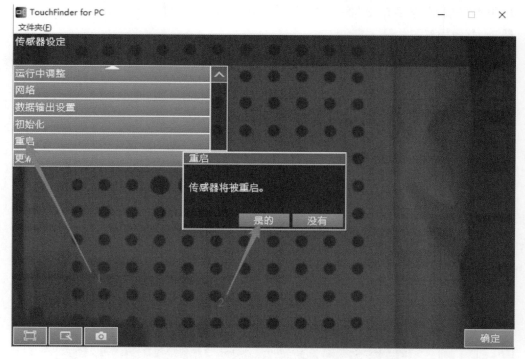

图 4.63

4）单击"确定"，如图4.64所示。

图 4.64

5）单击"确定"（如出现此界面连续单击几次确定，刷新一下），如图4.65所示。

图 4.65

6)单击"确定",即可进行标定等功能的使用,如图 4.66 所示。

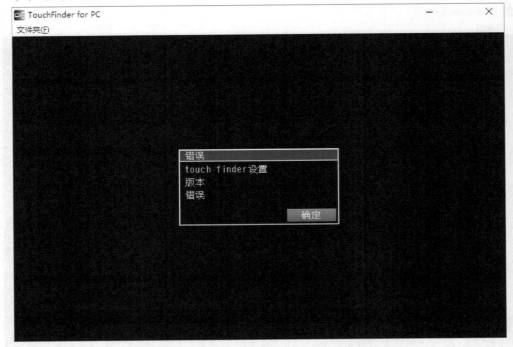

图 4.66

3.相机像素坐标与工件坐标转换

1)单击"校准设定",如图 4.67 所示。

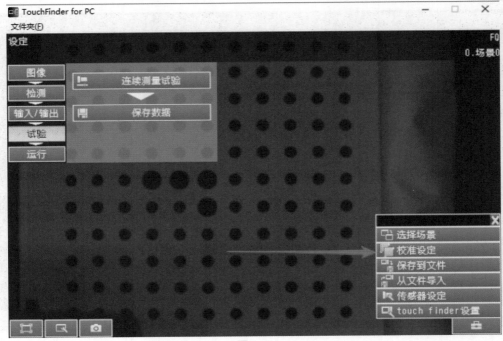

图 4.67

2）单击"0.校准数据0"，在弹出框中选择"编辑"，如图4.68所示。

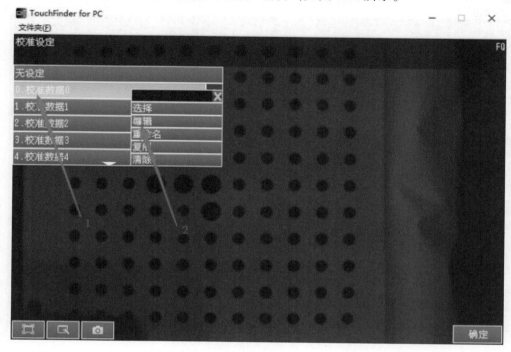

图4.68

3）单击右上角小三角，然后单击弹出框中的"点指定"，如图4.69所示。

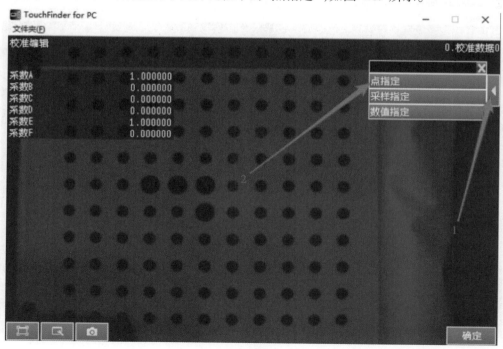

图4.69

4）单击"坐标设定（No.1）"，然后单击"编辑"，如图4.70所示。

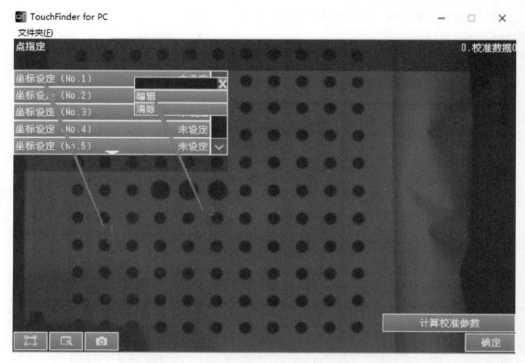

图 4.70

5）单击"相机工具"按钮，如图 4.71 所示。

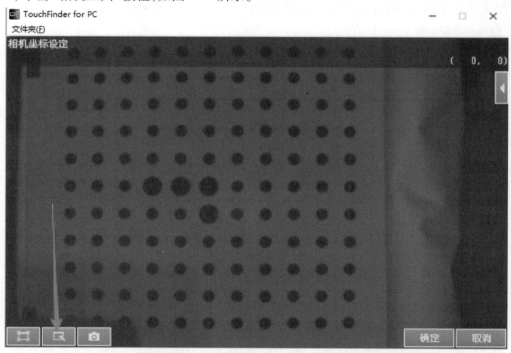

图 4.71

6）单击相机拍照按钮，待图像清晰之后关闭相机拍照，然后单击"确定"，如图 4.72 所示。

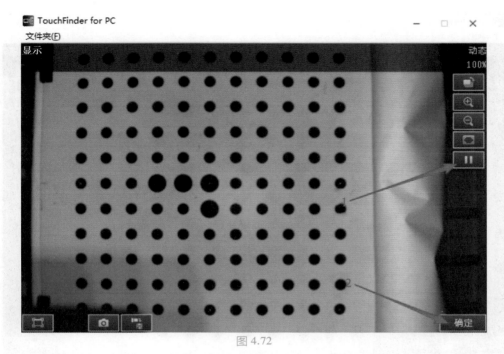

图 4.72

7)在标定板的中心位置设定第一个点:用鼠标在中心位置单击一下;然后可以单击打开控制台,通过单击上下左右来调整点的位置,使点位于黑点的中心位置;然后单击"确定",如图 4.73 所示。

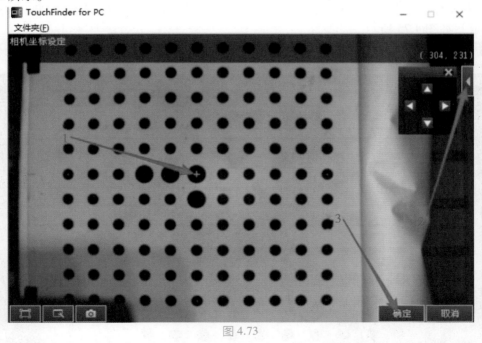

图 4.73

8)单击右上角小三角,然后单击"实际坐标系设定",这里说的实际坐标系需要对应之前设定的工件坐标系,原点 X 轴和 Y 轴方向需要一致,标尺大小也要相同,在该标定板中圆心距为 15 mm,如图 4.74 所示。

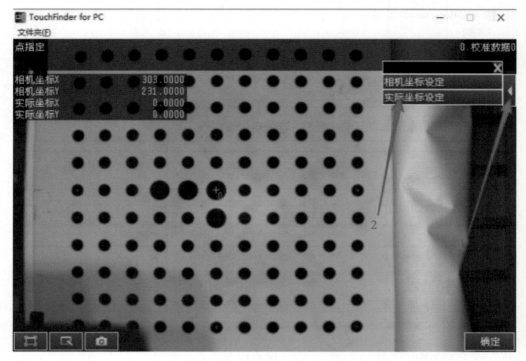

图 4.74

9）通过软键盘在实际坐标后的两个框中分别输入实际的 X、Y 值，以标定板为标准，例如第一点为 X1 点，为坐标系原点，实际坐标为（0,0），则通过软键盘分别输入"0.0000"，然后单击"确定"，如图 4.75 所示。

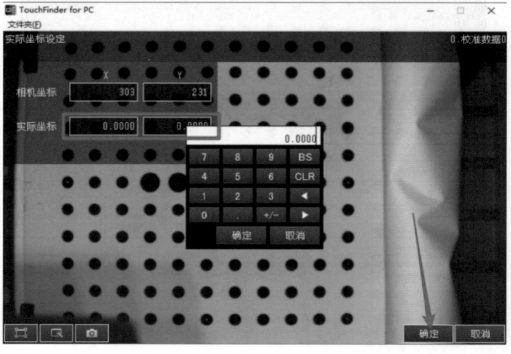

图 4.75

10）单击"确定"，完成了第一个点的标定，如图4.76所示。

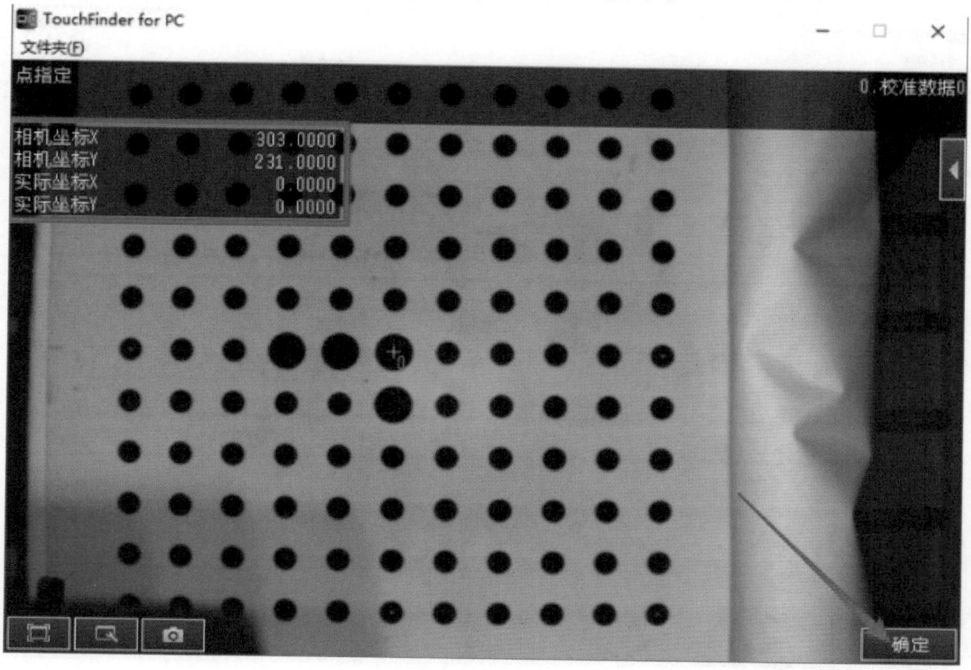

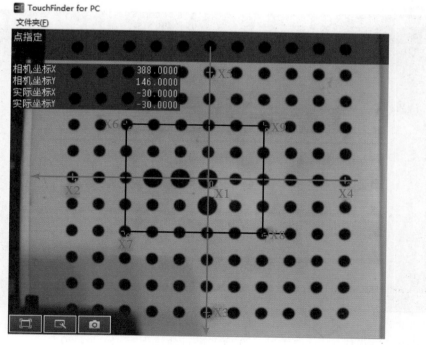

图4.76

11）按照标定设定第一个点X1的方法步骤，再设定其他8个点，X1为坐标系原点，X2、X3、X4、X5分别为坐标轴上的点，取点位置尽量大且与原点距离相等，X6、X7、X8、X9分别为四个象限中的点，最好构成一个矩形，如图4.77所示。

图4.77

12) 待 9 个点标定完成之后，单击"计算校准参数"，如图 4.78 所示。

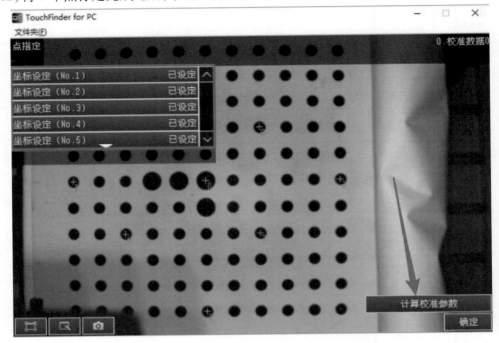

图 4.78

13) 等待软件计算系数，查看系数，若系数无误，单击"确定"，若有误则需要重新进行点的标定 (其中系数 C 与系数 F 绝对值均为较大数值，其他系数绝对值均小于零)，如图 4.79 所示。

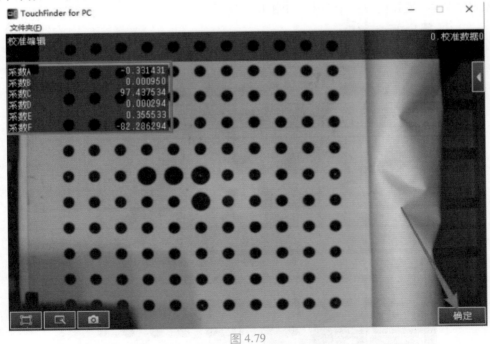

图 4.79

14) 退出校准设定窗口，单击试验选项卡进行数据保存，如图 4.80 所示。

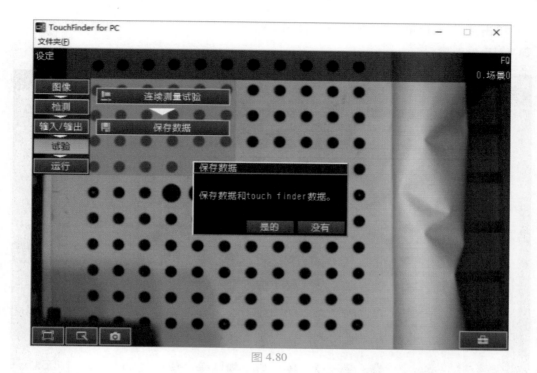

图 4.80

4.七巧板颜色、形状的标定

（1）形状标定

1）用白色 A4 纸将标定板遮盖住，放上蓝色小三角形，单击"检测"，单击"设定处理项目"，如图 4.81 所示。

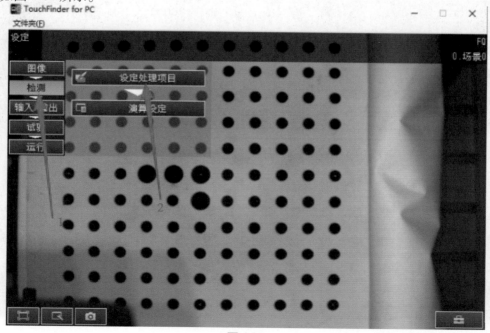

图 4.81

2) 单击"0.", 然后单击"添加项目", 如图 4.82 所示。

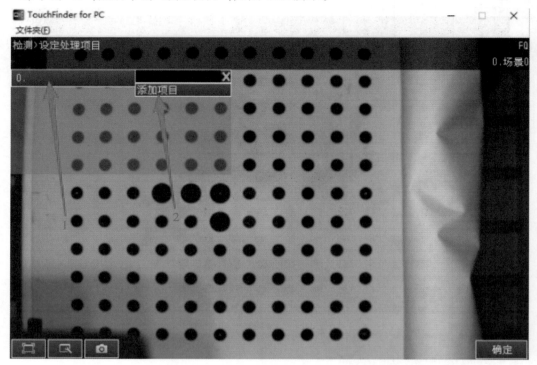

图 4.82

3) 单击"形状搜索Ⅱ", 如图 4.83 所示。

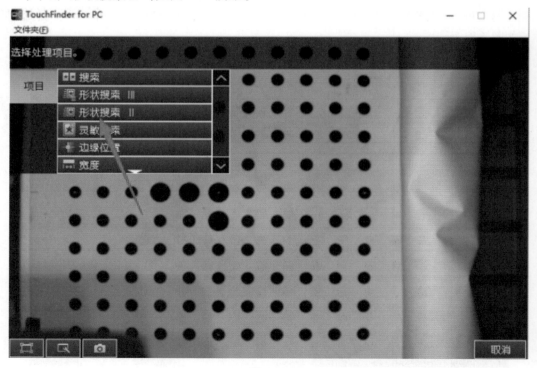

图 4.83

4)单击"示教",如图 4.84 所示。

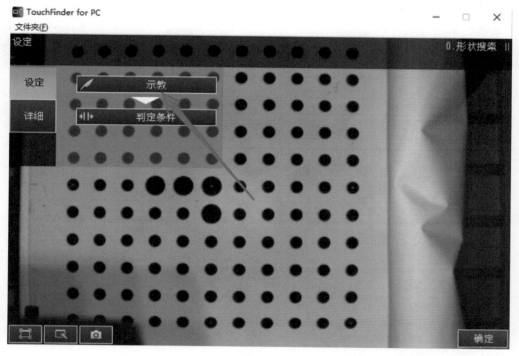

图 4.84

5)打开相机进行拍照,关闭相机,单击右上角小三角,在弹出的功能框中单击"追加",如图 4.85 所示。

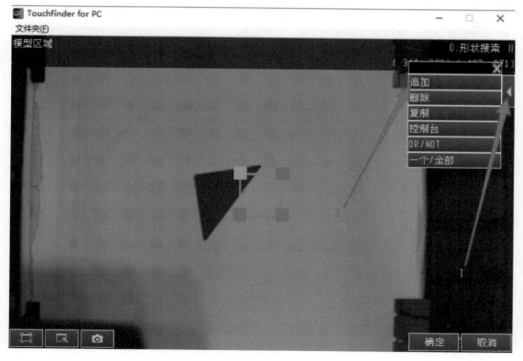

图 4.85

6) 单击选择"多边形",如图 4.86 所示。

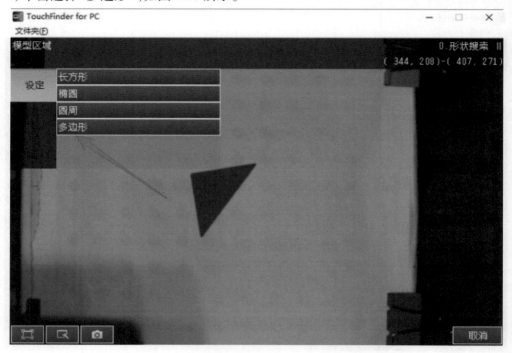

图 4.86

7) 单击选中原来的四边形,单击右上角小三角,在弹出的功能框中选择"删除",删除原来的图形,如图 4.87 所示。

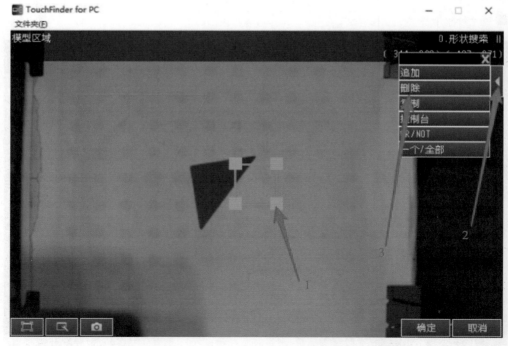

图 4.87

8）拖动添加的多边形使它与拍照中小三角形的形状、大小重叠，可以使用"控制台"功能对多边形的每个顶点进行微调，完成后单击"确定"，如图4.88所示。

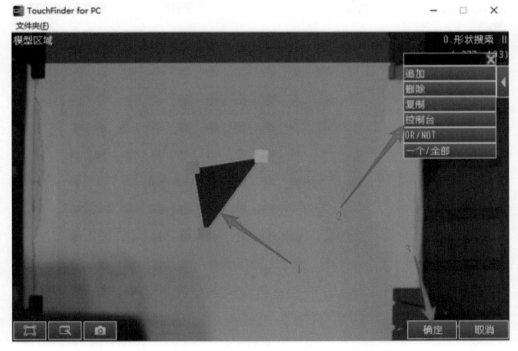

图4.88

9）单击"测量区域"，如图4.89所示。

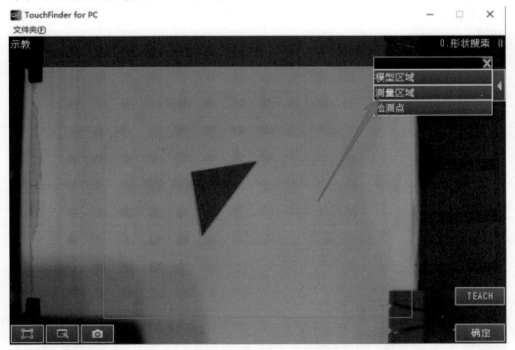

图4.89

10) 可直接拖动矩形框的边和角进行大小和位置的调整,也可以通过右上方的控制台进行位置的调整,完成后单击"确定",如图 4.90 所示。

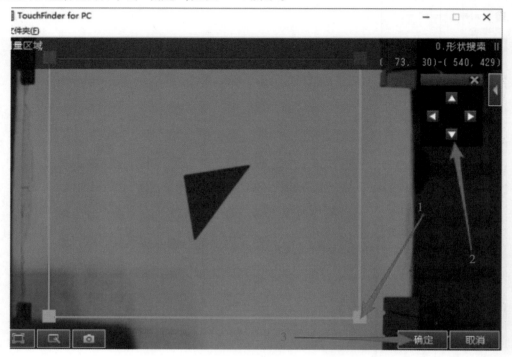

图 4.90

11) 单击"检测点",如图 4.91 所示。

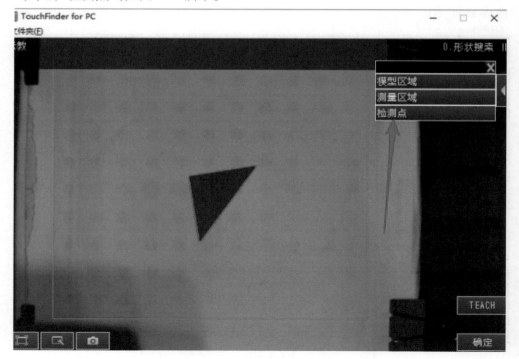

图 4.91

144

12) 可通过鼠标左击在三角形的中心位置确定检测点的位置, 可以通过控制台移动检测点位置, 以期达到理想的位置, 单击"确定", 如图 4.92 所示。

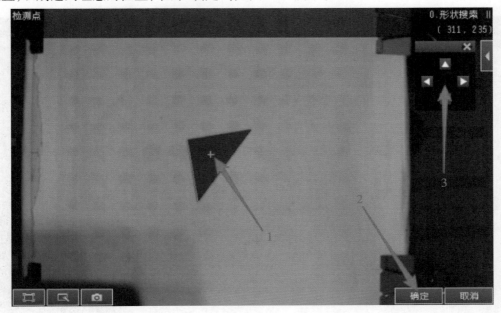

图 4.92

13) 设定相关值, 只有在设定的相关值范围之内物料的形状才会被匹配: 在设定窗口单击"判定条件", 在判定条件窗口单击下方数字为"60"的灰色长条, 通过软键盘输入数字"95", 单击"确定"(可在测量坐标处观察 X、Y 的数值, 来核对校准设定的系数是否正确), 如图 4.93 所示。

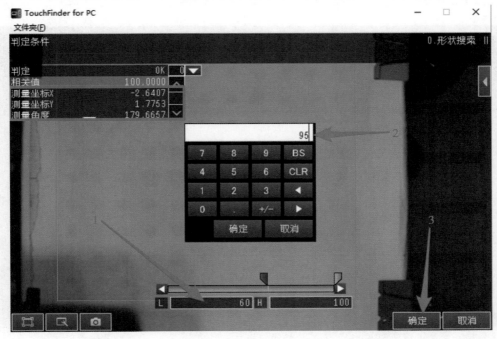

图 4.93

14）单击"0.形状搜索Ⅱ"，然后单击"重命名"，如图4.94所示。

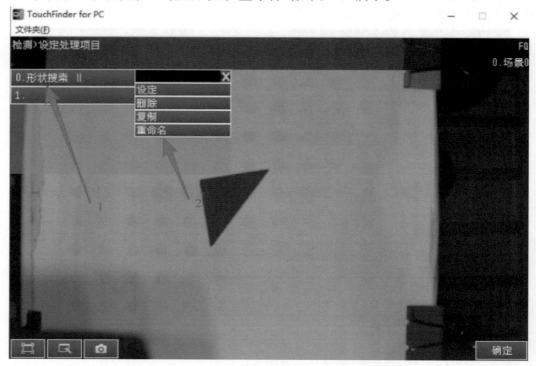

图 4.94

15）通过软键盘输入新名称"xiaosanjiao"，然后单击"确定"，如图4.95所示。

图 4.95

16)退出检测窗口,在试验窗口中进行数据的保存,如图 4.96 所示。

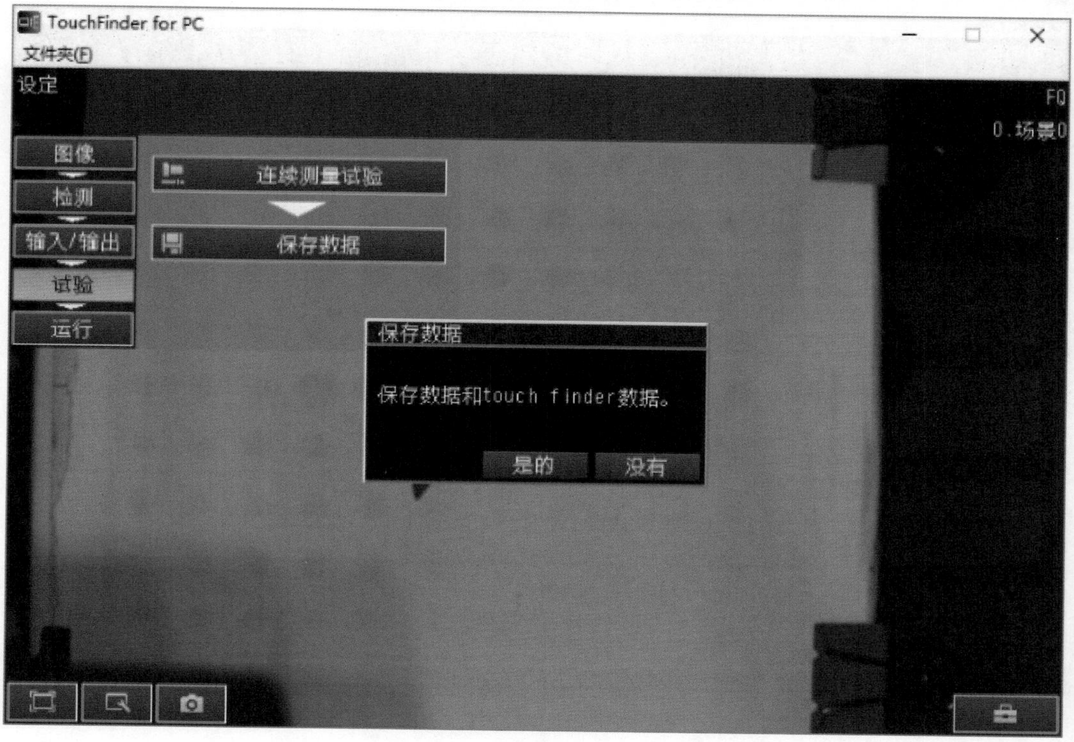

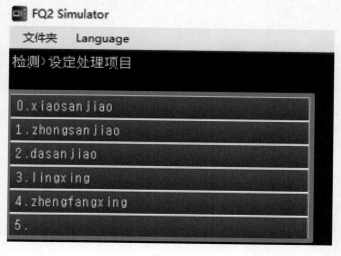

图 4.96

17)以添加小三角形同样的方法步骤,继续添加中三角形、大三角形、正方形和菱形的形状标定,标定完成后一定要进行保存,如图 4.97 所示。

图 4.97

(2)颜色标定

1)在添加的正方形下方单击添加项目,向下浏览单击"颜色数据",如图 4.98 所示。

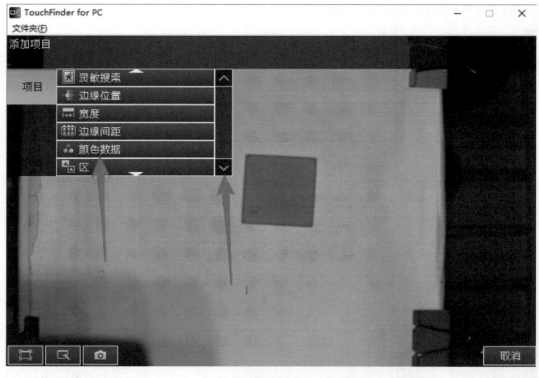

图 4.98

2）单击"示教"，如图 4.99 所示。

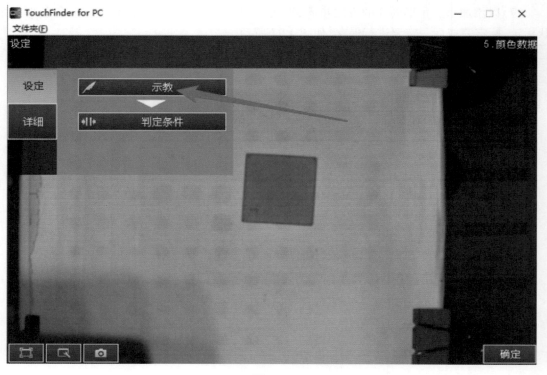

图 4.99

3)单击选中矩形框,可直接拖动矩形边框和角定性调整大小与位置,然后单击"确定",如图 4.100 所示。

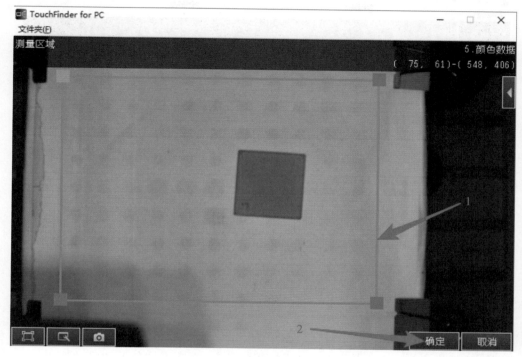

图 4.100

4)单击"判定条件",如图 4.101 所示。

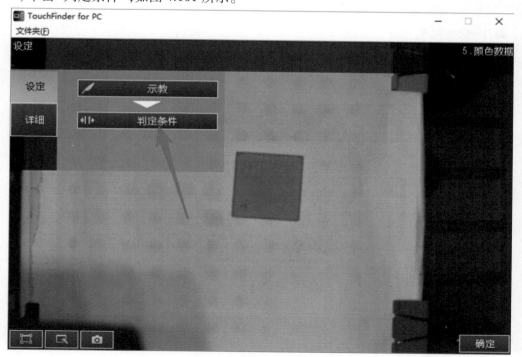

图 4.101

5）单击打开相机拍照，并保持连续拍照状态，单击"确定"，如图 4.102 所示。

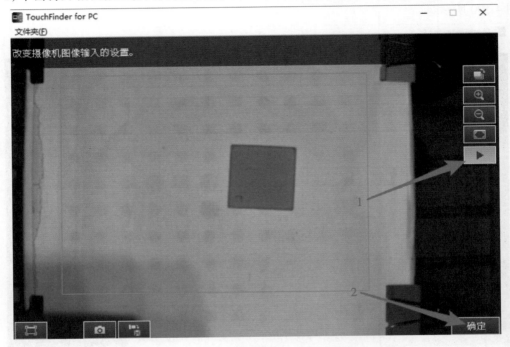

图 4.102

6）单击"平均色差"，单击数字为"442"的灰色长条，观察平均色差的跳动选出一个最大值，通过软键盘输入最大值数字，然后单击"确定"，用同样的方法选出一个最小值设定平均色差的下限数值，如图 4.103 所示。

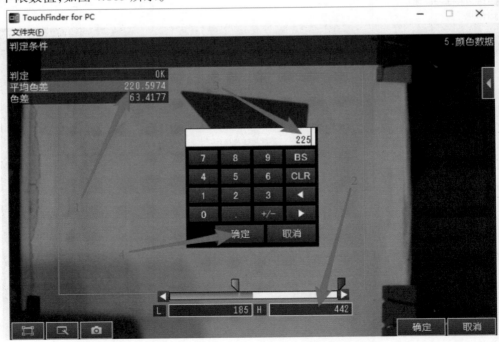

图 4.103

7)单击"色差",用与修改平均色差同样的方法设定色差的上下限数值,设定完成之后单击"确定",如图 4.104 所示。

图 4.104

8)单击"颜色数据",然后单击"重命名",如图 4.105 所示。

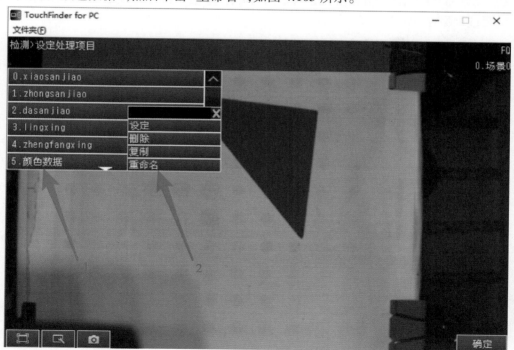

图 4.105

9)通过软键盘输入"hongse",然后单击"确定",如图 4.106 所示。

图 4.106

10)以添加红色同样的方法步骤,继续添加绿色、蓝色和粉色的颜色数据标定,标定完成后一定要进行保存,如图 4.107 所示。

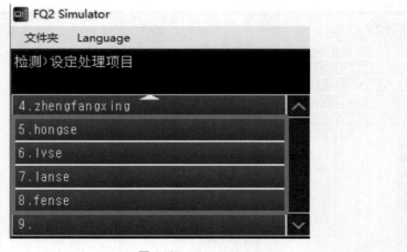

图 4.107

(3)编写演算公式

1)单击"检测",然后单击"演算设定",如图 4.108 所示。

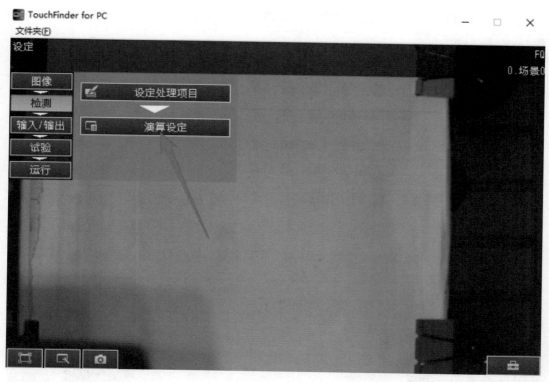

图 4.108

2)单击"演算公式",如图 4.109 所示。

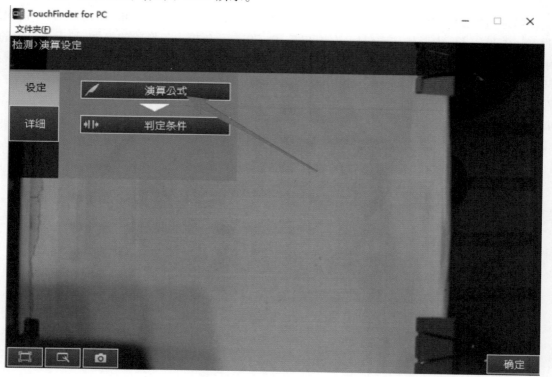

图 4.109

3）单击"0.演算公式 0"，然后单击"演算公式设定"，如图 4.110 所示。

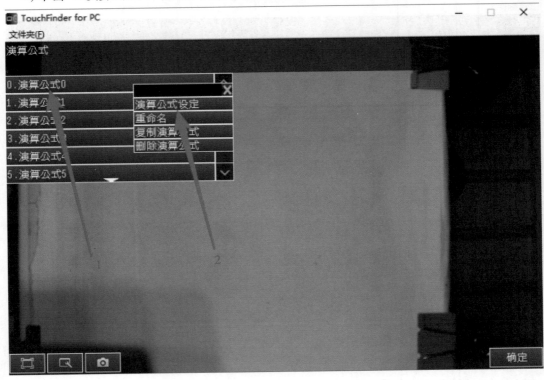

图 4.110

4）通过"常数"和"数据"两项功能编写演算公式 JG：代表 NG 与 OK，NG 时 JG＝－1，OK 时 JG＝0；I0.～I7. 为形状与颜色标定的序号；10~70 为七巧板中各形状的编号，利于点位置的示教与编程：【（I0.JG+1）＊（I7.JG+1）＊10＋（I0.JG+1）＊（I8.JG+1）＊20＋（I1.JG+1）＊30＋（I2.JG+1）＊（I5.JG+1）＊40＋（I2.JG+1）＊（I6.JG+1）＊50＋（I3.JG+1）＊60＋（I4.JG+1）＊70】，依次是：蓝色小三角、粉色小三角、中三角、红色大三角、绿色大三角、菱形、正方形，如图 4.111 所示。

图 4.111

5）单击"0.演算公式 0"，然后单击"复制演算公式"，如图 4.112 所示。

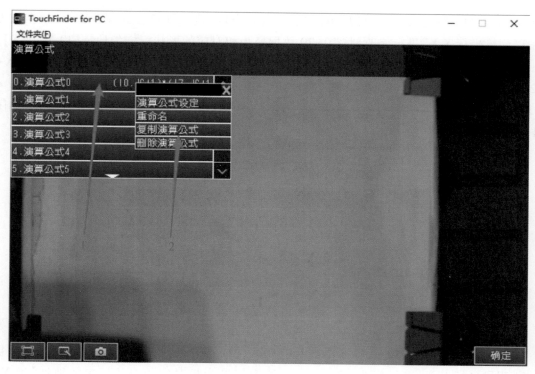

图 4.112

6）单击"1.演算公式 1"，单击"是的"，重复相同的步骤将公式复制两遍，依次为"2.演算公式 2""3.演算公式 3"，如图 4.113 所示。

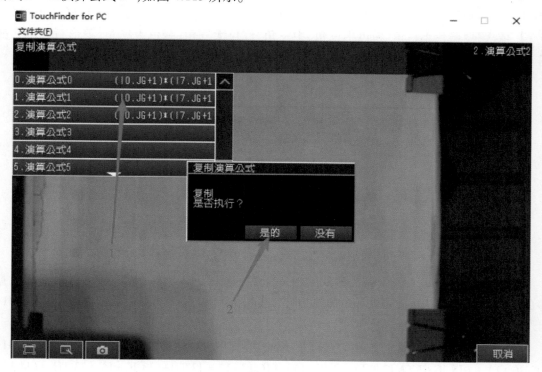

图 4.113

7）单击"1.演算公式 1"，然后单击"演算公式设定"进入演算公式修改窗口，根据数据中的"测量坐标 X X"进行修改，将 10-70 数据换为相对应的形状标定的地址【I0.X-I4.X】。

【（I0.JG+1）＊（I7.JG+I）＊I0.X+（I0.JG+1）＊（I8.JG+I）＊I0.X+（I1.JG+1）＊I1.X+（I2.JG+1）＊（15.JG+1）＊I2.X+（I2.JG+1）＊（I6.JG+1）＊I2.X +（I3.JG+1）＊13.X +（I4.JG+1）＊I4.X】依次是：蓝色小三角、粉色小三角、中三角、红色大三角、绿色大三角、菱形、正方形，如图 4.114 所示。

图 4.114

8）单击"2.演算公式 2"，然后单击"演算公式设定"进入演算公式修改窗口，根据数据中的"测量坐标 Y Y"进行修改，将 I0.X-I4.X 数据换为相对应的形状标定的地址【I0.Y-I4.Y】。

【（I0.JG+1）＊（I7.JG+I）＊I0.Y+（I0.JG+1）＊（I8.JG+I）＊I0.Y +（I1.JG+1）＊I1.Y+（I2.JG+1）＊（I5.JG+1）＊I2.Y+（I2.JG+1）＊（I6.JG+1）＊I2.Y +（I3.JG+1）＊I3.Y +（I4.JG+1）＊I4.Y】，依次是：蓝色小三角、粉色小三角、中三角、红色大三角、绿色大三角、菱形、正方形，如图 4.115 所示。

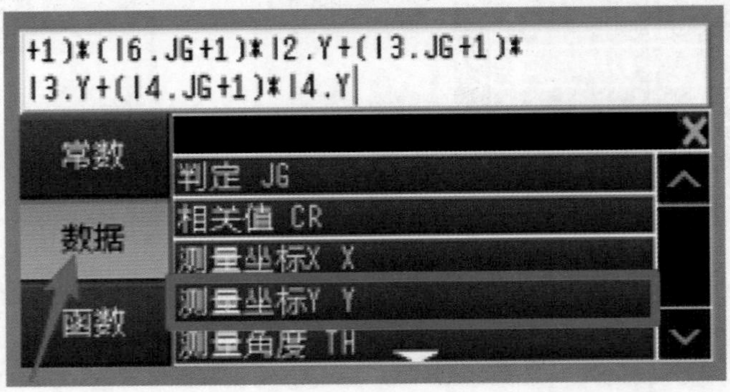

图 4.115

9）单击"3.演算公式 3"，然后单击"演算公式设定"进入演算公式修改窗口，根据数据中的"测量角度 TH"进行修改，将 I0.Y-I4.Y 数据换为相对应的形状标定的地址【I0.TH-I4.TH】。

【（I0.JG+1）＊（I7.JG+I）＊I0.TH+（I0.JG+1）＊（I8.JG+I）＊I0.TH+（I1.JG+1）＊I1.TH+（I2.JG+1）＊（I5.JG+1）＊I2.TH+（I2.JG+1）＊（I6.JG+1）＊I2.TH+（I3.JG+1）＊I3.TH +（I4.JG+

1)＊I4.TH】,依次是:蓝色小三角、粉色小三角、中三角、红色大三角、绿色大三角、菱形、正方向,设定完成后在检测窗口进行数据保存,如图 4.116 所示。

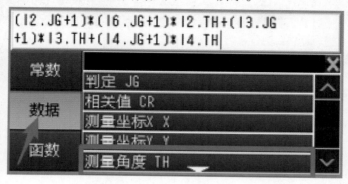

图 4.116

(4)I/O 输出设定操作步骤

1)单击"输入/输出",然后单击"输入/输出设定",如图 4.117 所示。

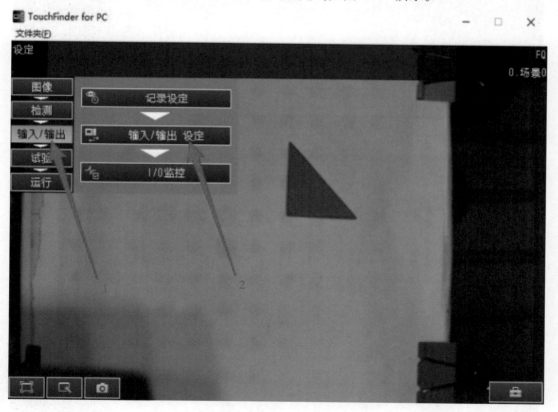

图 4.117

2)单击"输出数据设定",如图 4.118 所示。

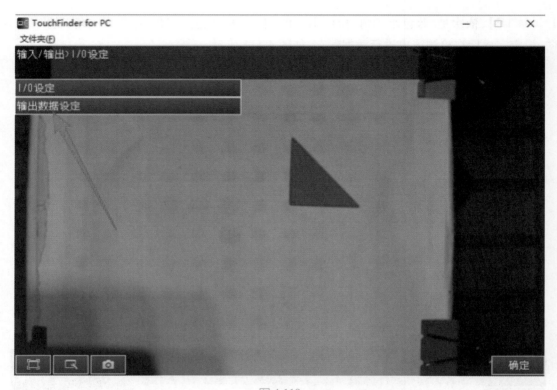

图 4.118

3）单击"无协议数据通信设置"，如图 4.119 所示。

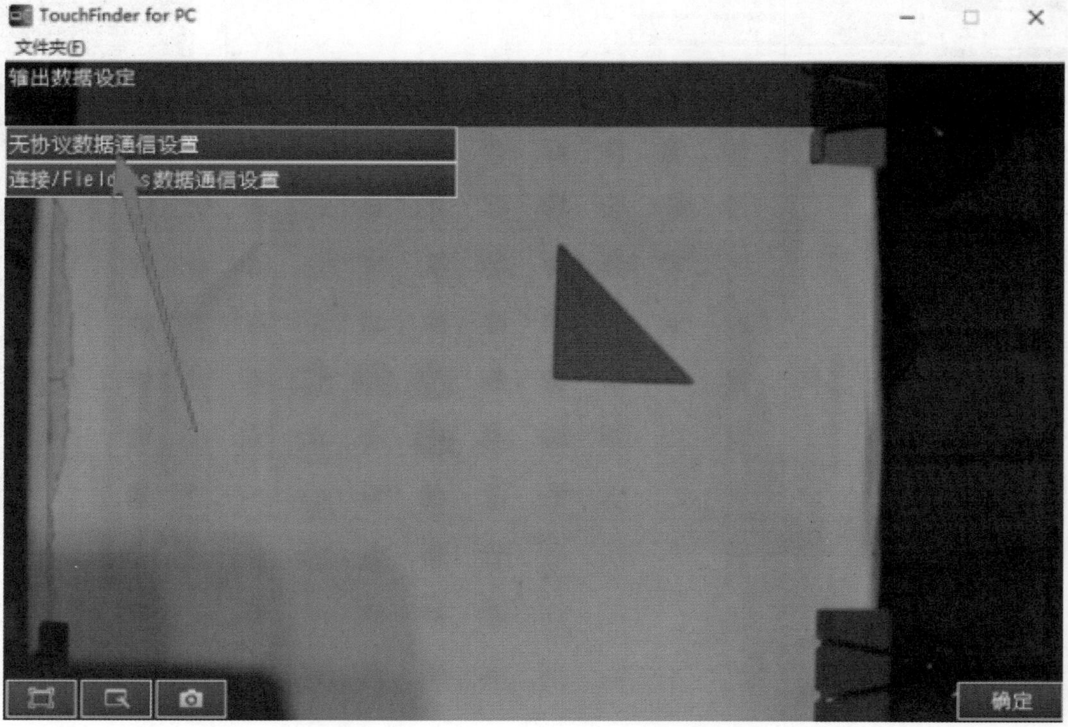

图 4.119

4）单击"输出数据设定"，如图 4.120 所示。

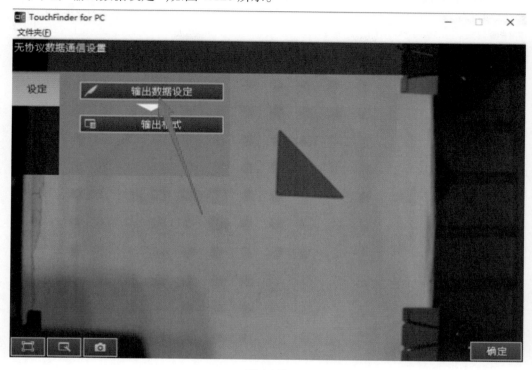

图 4.120

5）单击"0.数据 0"，选择弹框中的"数据设定"，如图 4.121 所示。

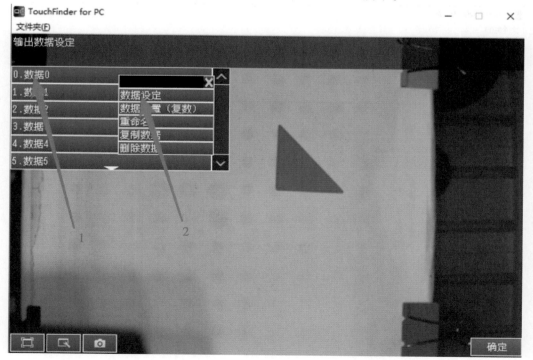

图 4.121

6）单击向下查找按钮，找到"Z0. 演算"，然后单击"Z0. 演算"，如图 4.122 所示。

图 4.122

7）单击向下查找按钮，找到"数据 0 D00"，然后单击"数据 0 D00"，如图 4.123 所示。

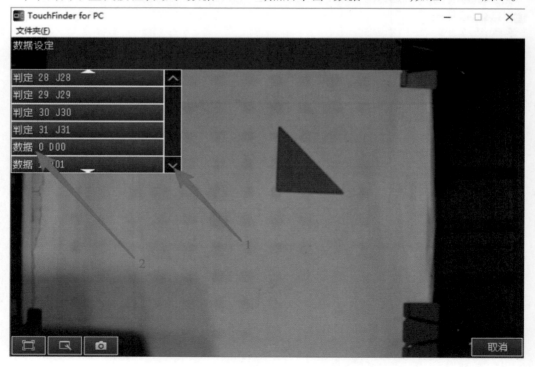

图 4.123

8）按照上述步骤依次添加数据 0、数据 1、数据 2、数据 3，添加结果如图 4.124 所示，设定完成后在检测窗口进行数据保存，然后重启，如图 4.124 所示。

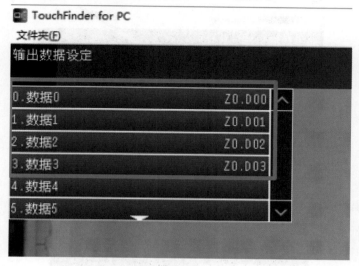

图 4.124

（5）输出格式设定

1）单击"输入/输出"，然后单击"输入/输出设定"，如图 4.125 所示。

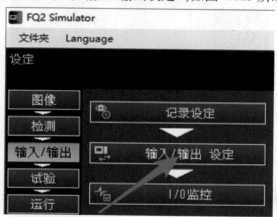

图 4.125

2）单击"输出数据设定"，如图 4.126 所示。

图 4.126

3）单击"无协议数据通信设置"，如图 4.127 所示。

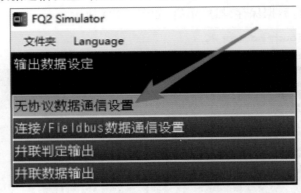

图 4.127

4）单击"输出格式"，如图 4.128 所示。

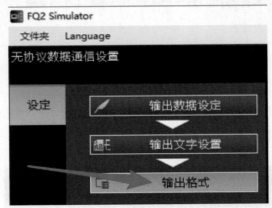

图 4.128

5）对输出格式参数进行设定，参数设定如图 4.129 所示，设定完成后在检测窗口进行数据保存，然后重启（输出格式"ASC II 码"，整数位数"4"，小数点位数"3"，0 抑制"是"，字端分隔符"空格"）。

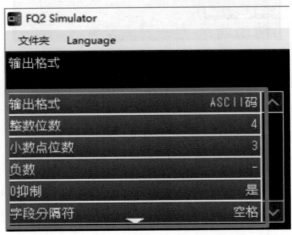

图 4.129

任务 4-3　网络串口调试、助手调试

1.相机-电脑串口调试

1)将相机与电脑用网线连接起来,然后更改电脑 IP 地址为"192.168.1.10",如图 4.130 所示。

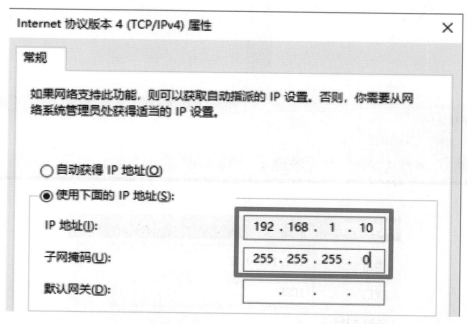

图 4.130

2)单击打开网络串口调试助手,然后单击"TCP 客户端",创建 TCP 客户端,如图 4.131 所示。

图 4.131

3)单击"连接",如图 4.132 所示。

4)在弹出的网络参数窗口中,在地址中输入"192.168.1.2",在端口中输入"1025",然后单击"确定",如图 4.133 所示。

图 4.132

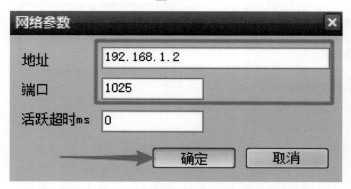

图 4.133

5）在创建的 TCP 客户端中可以查看连接情况，如图 4.134 表示 TCP 客户端创建成功，且相机与电脑通信正常。

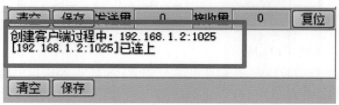

图 4.134

6）单击勾选"十六进制"，然后在左侧输入框中输入"4D 0D"，然后单击"发送"，等待相机的响应，即可在右侧显示框中查看到相机反馈的信号，如图 4.135 所示。

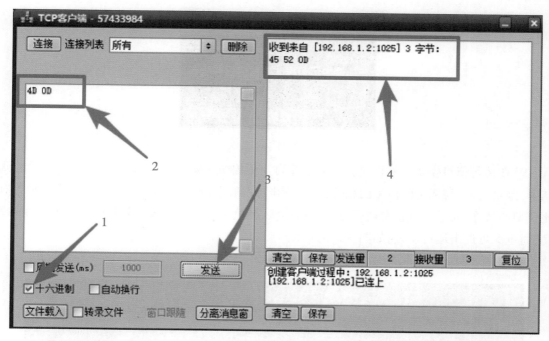

图 4.135

7) 切换到 TouchFinder for PC 软件窗口, 单击"运行", 然后单击"切换为运行模式", 如图 4.136 所示。

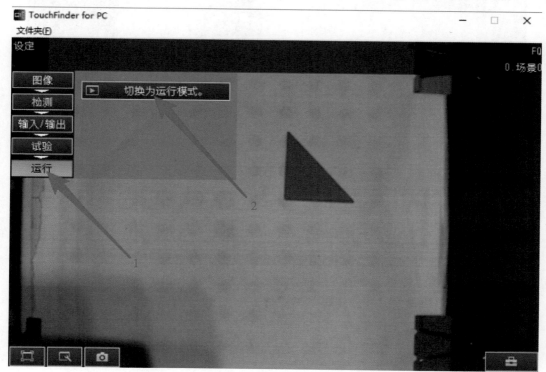

图 4.136

8) 在弹出的切换模式对话框中单击"是的",如图 4.137 所示。

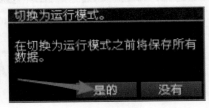

图 4.137

9) 在运行窗口模式下相机是自动处于开启连续拍照状体的,在窗口中通过 1 可查看检测结果,判定结果,与标定的模型的相关值,测量坐标/角度及检测数量;通过 2 可查看此时的对比模型的名称;通过 3 可查看被检测的物料形状、颜色及检测点位置;通过 4 可选择对比的模型;通过 5 可退出运行模式,如图 4.138 所示。

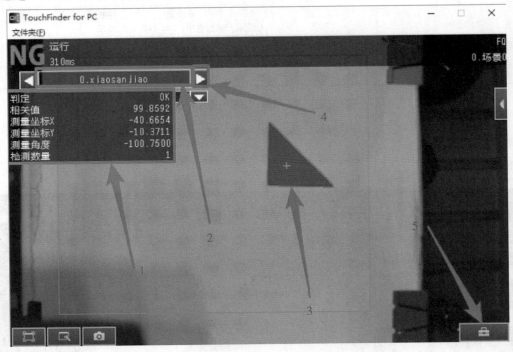

图 4.138

10) 单击取消"十六进制",在左侧输入框中输入"M",然后单击"周期发送",在 TouchFinder for PC 软件处于运行模式的情况下可以在右侧框口中查看相机反馈的检测结果,包含被检测物料检测点在坐标系中的位置、偏转角度及 NG/OK,如图 4.139 所示。

11) 若要退出运行模式,单击"工具",然后单击"传感器设定",然后再单击"确定",如图 4.140 所示。

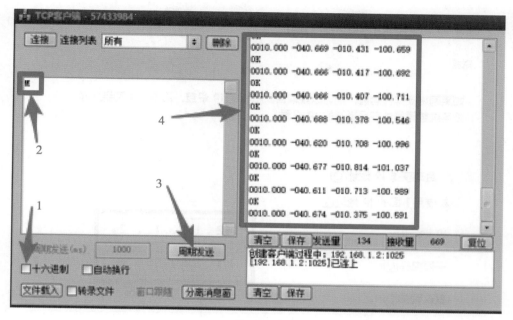

图 4.139

图 4.140

2.机器人-电脑串口调试

1）将机器人与电脑用网线连接起来，机器人端网线连入 X6 口，然后更改电脑 IP 地址为"192.168.1.2"，如图 4.141 所示。

2）单击打开网络串口调试助手，然后单击"TCP 服务器"，创建 TCP 服务器，如图 4.142 所示。

3）单击"连接"，如图 4.143 所示。

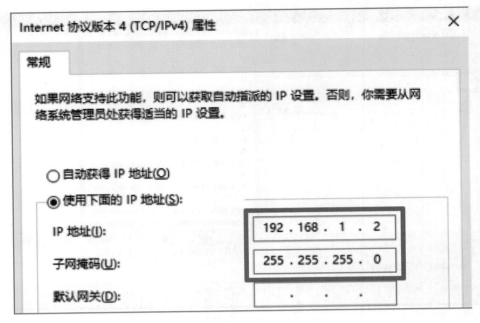

图 4.141

图 4.142

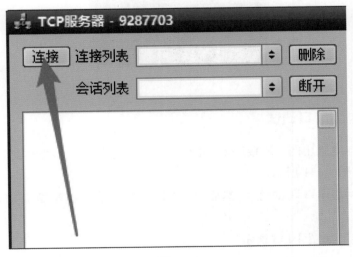

图 4.143

4)在弹出的网络参数窗口中,在地址中输入"192.168.1.2",在端口中输入"1025",然后单击"确定",如图 4.144 所示。

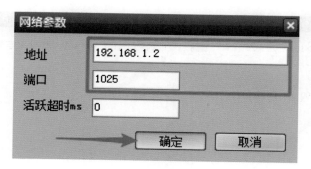

图 4.144

5）在右下方的框中可查看创建服务器结果，如下图为创建服务器成功，机器人与电脑通信正常，如图 4.145 所示。

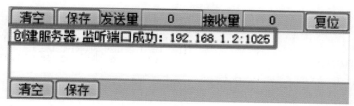

图 4.145

6）单击勾选"十六进制"，在左侧框中输入"4D 0D"，然后单击"发送"，就可以在右侧框中查看到机器人反馈回来的信息"M"，如图 4.146 所示。

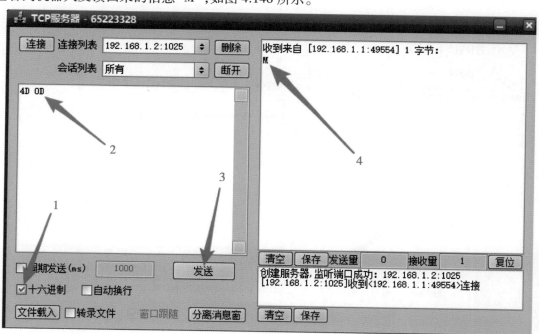

图 4.146

7）单击取消"十六进制"，在左侧框中输入"0010.000 0000.000 0000.000 0000.000"，然后单击"发送"，可在右侧框中查看到机器人反馈的信息，如图 4.147 所示。

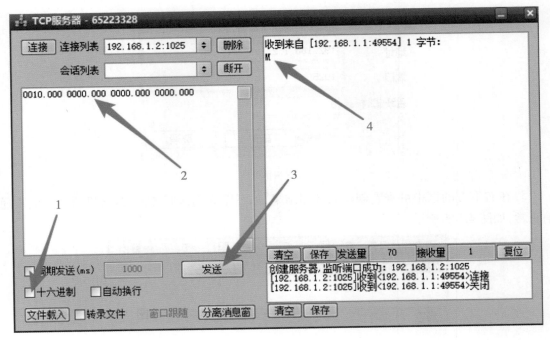

图 4.147

8）将机器人切换为自动模式，单击"周期发送"可以收到连续的反馈信号，如图 4.148 所示。

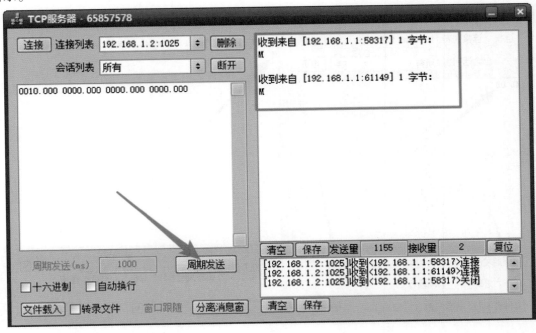

图 4.148

此调试方法通常用来检测工件坐标系设定的准确性，输入的数字码"0000.000 0000.000 0000.000 0000.000"用来设定机器人的姿态与位置：

①第一个"0000.000"表示物料编号,通常默认为"0000.000"。

②第二个"0000.000"表示机器人工件坐标系的 X 轴数据,第一个"0"可以用"+/−"符号代替,表示为 X 轴的正方向和负方向,默认为"0"代表正方向,"000.000"表示 X 轴上的位置,小数点后的"0"表示精度。

③第三个"0000.000"表示机器人工件坐标系的 Y 轴数据,第一个"0"可以用"+/−"符号代替,表示为 Y 轴的正方向和负方向,默认为"0"代表正方向,"000.000"表示 Y 轴上的位置,小数点后的"0"表示精度。

④第四个"0000.000"表示机器人工件坐标系的 Z 轴数据,第一个"0"可以用"+/−"符号代替,表示为 Z 轴的正方向和负方向,默认为"0"代表正方向,"000.000"表示 Z 轴上的位置,小数点后的"0"表示精度。

任务 4-4　位置示教

1.物料拾取点高度示教

由于之前设定工具坐标系和工件坐标系的时候利用的是外置 TCP,而机器人拾取物料的时候利用的是吸盘,有高度差,所以需要对重新示教 Z 方向的高度进行调整,避免在运行程序的时候出错。

1)在程序编辑器窗口中,在主程序中,用之前备注行的程序语句去备注,如图 4.149 所示。

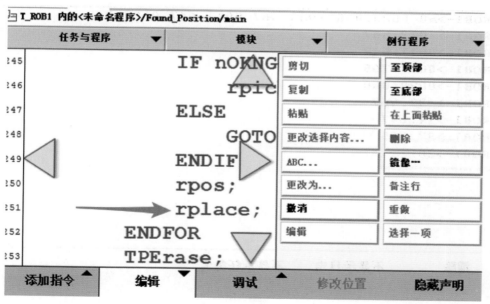

图 4.149

2) 放一块七巧板在工作台上,运行程序,进行相机拍照检测,如图 4.150 所示。

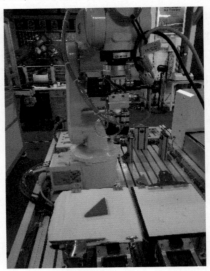

图 4.150

3) 检测结果写屏,为"20",根据之前的设定可知编号为"20"的七巧板为粉色小三角,如图 4.151 所示。

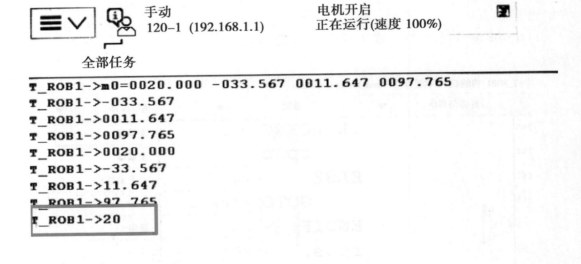

图 4.151

4) 继续运行程序,当机器人的吸盘块接近物料的时候,停止运行程序,通过手动操纵的方法,调整机器人吸盘向下运动,直到吸盘接触到物料并微微向下挤压,在挤压的时候不能使物料移动,所以移动时要注意移动的距离,如图 4.152、图 4.153 所示。

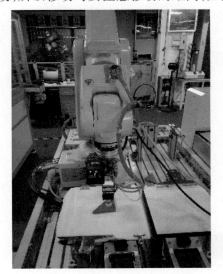

图 4.152

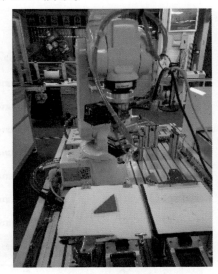

图 4.153

5)在示教器的手动操纵窗口中查看 Z 轴数据并记录下来,Z = -6.06 mm,如图 4.154 所示。

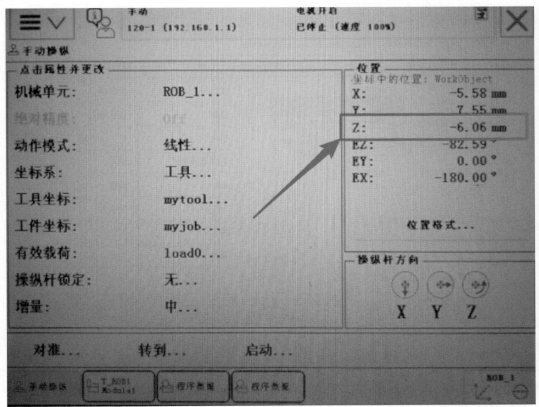

图 4.154

6）在例行程序中查找到物料偏移例行程序，单击"显示例行程序"，如图 4.155 所示。

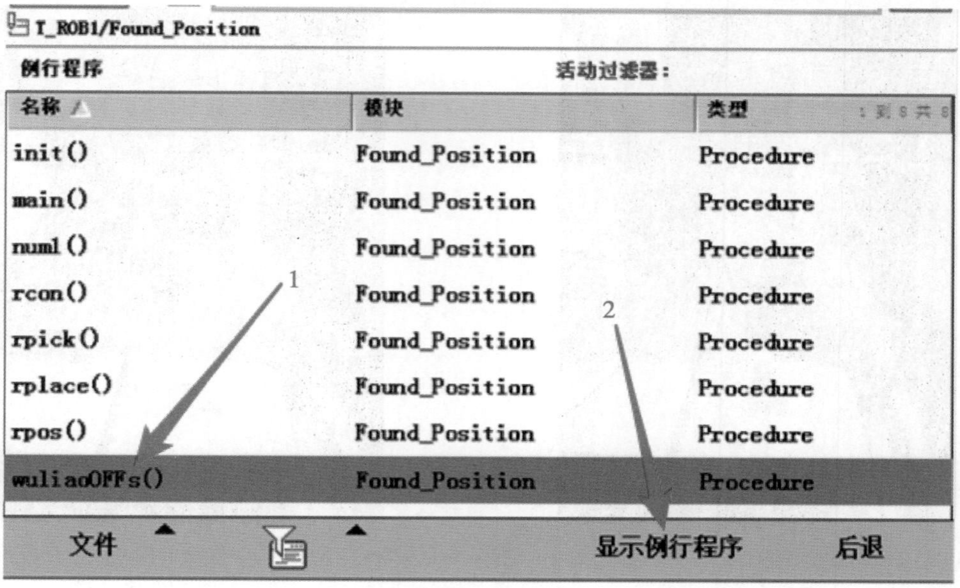

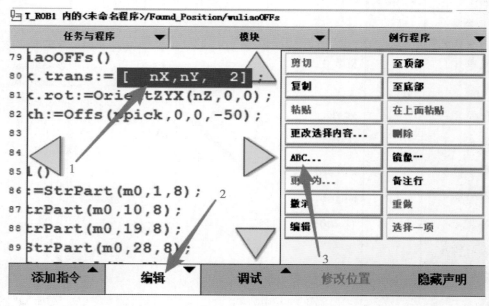

图 4.155

7）单击选中需要修改的部分，单击"编辑"，然后单击"ABC…"进行修改，如图 4.156 所示。

图 4.156

8）将之前记录下的 Z 轴的数值输入进去进行修改，结果如图 4.157 所示，将 Z 轴数值从 2 修改为-6，修改完成之后重新运行，检查物料拾取点的高度是否合适，如不合适可重新进行调整，如图 4.157 所示。

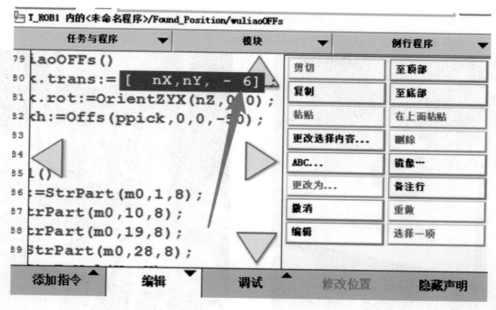

图 4.157

2.物料放置点位置示教

1）拿一块七巧板放置在标定板上，运行程序，相机拍照并识别，示教器上写屏，记下上面的数值，如图 4.158 数字为"40"，由演算公式可知 40 为红色大三角，如图 4.158 所示。

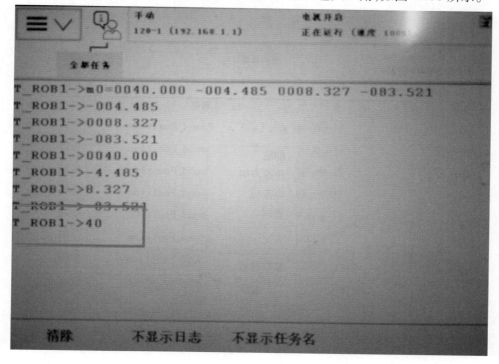

图 4.158

2）继续运行程序，吸盘吸取着物料到达放置点上方后按下暂停按钮，使机器人程序停止运行，然后通过手动操纵的方法将物料移动到指定的摆放位置，如图 4.159、图 4.160 所示。

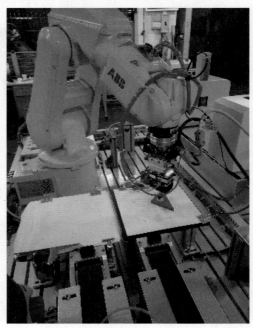

图 4.159   图 4.160

3）切换到程序数据窗口，单击选中该放置点的程序数据"ppt4"，单击"编辑"，然后单击"修改位置"，进行位置点的示教、修改、保存操作，如图 4.161 所示。

名称	值	模块	
ppick	[[0, 0, -1.45], [1, 0...	Found_Position	全局
ppickh	[[0, 0, -5... 删除	ound_Position	全局
pPlace	[[-80.44 更改声明	ound_Position	全局
ppt1	[[-80.44 更改值	ound_Position	全局
ppt2	[[-208.6 复制	ound_Position	全局
ppt3	[[-822.2 定义	ound_Position	全局
ppt4	[[-247.... 修改位置	ound_Position	全局

数据类型: robtarget
选择想要编辑的数据。
活动过滤器:
范围: RAPID/T_ROB1 　 更改范围
8 到 14 共 18
新建... 　 编辑 　 刷新 　 查看数据类型

图 4.161

通过同样的方法对剩下的 6 块物料进行位置点示教，示教完成确认无误之后，可完整地运行一遍程序，检查有无问题出现，以便及时修改，避免不必要的问题发生。对于物料的放置点安排,图4.162为放置点与序号对应情况。

序号	放置点	放置样图
10	ppt1	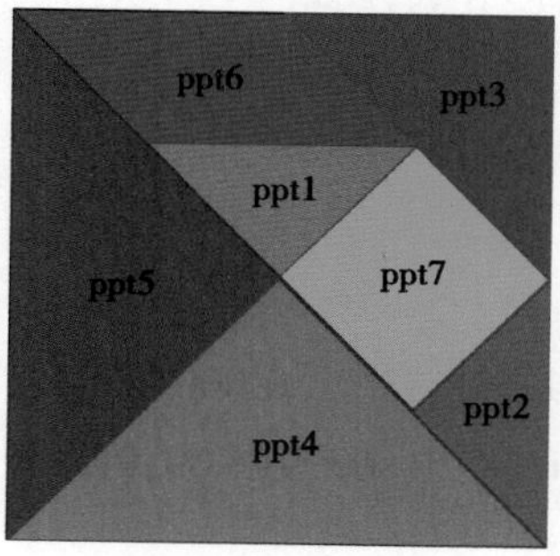
20	ppt2	
30	ppt3	
40	ppt4	
50	ppt5	
60	ppt6	
70	ppt7	

图 4.162

程序如下:

```
MODULE Found_Position
    VAR socketdev socket1;          ! 定义套接字 1
    VAR socketdev socket2;          ! 定义套接字 2
    VAR string m0; ! 定义字符串 m0
    VAR string X;
    VAR string Y;
    VAR string EZ;
    VAR string OKNG;
    VAR num nOKNG;
    VAR bool OK;
    VAR num nX;
    VAR num nY;
    VAR num nZ;
    VAR num anglex;
    VAR num angley;
    VAR num anglez;
    VAR pose object;
    TASK PERS wobjdata
wobj1:=[FALSE,TRUE,"",[[-17.3458,-306.999,122.106],[1,0,0,0]],[[1.69912,
-0.568014,0.321577],[0.999979,-0.00382613,-0.00141263,0.00502835]]];
    PERS robtarget
```

p4：=［［218.49，−260.85，362.74］，［3.89328E−05，1，−0.000409645，−3.24621E−05］，［−1，−1，1，0］，［9E+09，9E+09，9E+09，9E+09，9E+09，9E+09］］；

　　　　PERS robtarget

ppick：=［［0，0，−1.45］，［1，0，0，0］，［−1，−1，0，0］，［9E+09，9E+09，9E+09，9E+09，9E+09，9E+09］］；

　　　　TASK PERS tooldata

tool1：=［TRUE，［［0，0，207.031］，［1，0，0，0］］，［2，［1，0，0］，［1，0，0，0］，0，0，0］］；

　　　　PERS robtarget

p5：=［［46.02，−331.99，548.93］，［0.000143325，−0.698636，−0.715477，1.51718E−05］，［−1，−1，0，0］，［9E+09，9E+09，9E+09，9E+09，9E+09，9E+09］］；

　　　　VAR pos pos1；

　　　　VAR pos p15；

　　　　PERS robtarget

pbase：=［［−19.70，−322.16，303.30］，［8.35585E−05，−0.683341，−0.730099，4.8049E−05］，［−2，−1，−1，0］，［9E+09，9E+09，9E+09，9E+09，9E+09，9E+09］］；

　　　　PERS robtarget

ppickh：=［［0，0，−51.45］，［1，0，0，0］，［−1，−1，0，0］，［9E+09，9E+09，9E+09，9E+09，9E+09，9E+09］］；

　　　　PERS robtarget

phome：=［［197.09，−299.72，386.64］，［0.000599474，−0.694426，−0.71954，−0.00575965］，［−1，0，0，0］，［9E+09，9E+09，9E+09，9E+09，9E+09，9E+09］］；

　　　　PERS robtarget

ppaceh：=［［−93.7，−329.16，303.3］，［8.35585E−05，−0.683341，−0.730099，4.8049E−05］，［−2，−1，−1，0］，［9E+09，9E+09，9E+09，9E+09，9E+09，9E+09］］；

　　　　PERS robtarget

ppt1：=［［−80.44，−296.85，11.71］，［0.910413，−0.00151204，−0.0056918，0.413658］，［−1，−1，−1，0］，［9E+09，9E+09，9E+09，9E+09，9E+09，9E+09］］；

　　　　PERS robtarget

ppt2：=［［−208.61，−14.40，1.15］，［0.00884416，0.999367，0.0336933，−0.00723539］，［−1，0，−1，0］，［9E+09，9E+09，9E+09，9E+09，9E+09，9E+09］］；

　　　　PERS robtarget

ppt3：=［［−222.22，7.14，1.41］，［0.00452626，0.99992，−0.0107705，−0.00478479］，［−1，−1，−1，0］，［9E+09，9E+09，9E+09，9E+09，9E+09，9E+09］］；

　　　　PERS robtarget

ppt4：=［［−247.31，24.87，−0.18］，［0.0102068，0.932209，−0.36176，−0.00336534］，［−1，0，−1，0］，［9E+09，9E+09，9E+09，9E+09，9E+09，9E+09］］；

　　　　　　　　PERS robtarget

ppt5:=[[−265.92,45.39,1.68],[0.00658145,0.702778,−0.711378,−0.000182236],[−1,−1,0,0],[9E+09,9E+09,9E+09,9E+09,9E+09,9E+09]];

　　　　　　　　PERS robtarget

ppt6:=[[−221.53,51.21,0.48],[0.00472663,0.922482,0.385964,−0.00606318],[−1,0,−2,0],[9E+09,9E+09,9E+09,9E+09,9E+09,9E+09]];

　　　　　　　　PERS robtarget

ppt7:=[[−196.10,23.80,1.23],[0.0133044,0.925687,−0.378039,−0.0035783],[−1,0,−1,0],[9E+09,9E+09,9E+09,9E+09,9E+09,9E+09]];

　　　　　　　　PERS robtarget

ppterr:=[[−181.87,−69.04,43.21],[0.0133141,0.925686,−0.378043,−0.00348899],[−1,0,−1,0],[9E+09,9E+09,9E+09,9E+09,9E+09,9E+09]];

　　　　　　　　VAR num mm0;

　　　　　　　　VAR num mm1;

　　　　　　　　VAR num mm2;

　　　　　　　　VAR num mm3;

　　　　　　　　VAR num mm4;

　　　　　　　　VAR num mm5;

　　　　　　　　VAR num mm6;

　　　　　　　　VAR num mm7;

　　　　　　　　PERS robtarget

pPlace:=[[−80.44,−296.85,11.81],[0.910413,−0.00151204,−0.0056918,0.413658],[−1,−1,−1,0],[9E+09,9E+09,9E+09,9E+09,9E+09,9E+09]];

　　　　　　　　PERS robtarget

placeH:=[[−80.44,−296.85,61.81],[0.910413,−0.00151204,−0.0056918,0.413658],[−1,−1,−1,0],[9E+09,9E+09,9E+09,9E+09,9E+09,9E+09]];

　　　　　　　　PERS robtarget

placeH10:=[[551.30,−1.17,625.06],[0.706039,0.0038925,0.70816,0.00190473],[−1,0,0,1],[9E+09,9E+09,9E+09,9E+09,9E+09,9E+09]];

　　　　　　　　TASK PERS tooldata

tool3:=[TRUE,[[−0.834413,−0.337861,204.685],[1,0,0,0]],[2,[1,0,0],[1,0,0,0],0,0,0]];

　　　　　　　　TASK PERS wobjdata

wobj2:=[FALSE,TRUE," ",[[−17.3458,−306.999,122.106],[0.700359,−0.00436627,−0.00554992,−0.713755]],[[1.69912,−0.568014,0.321577],[0.999979,−0.00382613,−0.00141263,0.00502835]]];

```
        CONST jointtarget
jpos20:=[[0,0,0,0,0,0],[9E+09,9E+09,9E+09,9E+09,9E+09,9E+09]];
        TASK PERS tooldata
mytool:=[TRUE,[[1.8711,-28.6384,209.577],[1,0,0,0]],[2,[1,0,0],[1,0,0,0],0,0,
0]];
        TASK PERS wobjdata
myjob:=[FALSE,TRUE,"",[[-18.6196,-315.554,123.351],[0.703304,-0.00242606,
-0.00156607,-0.710883]],[[30,60,0],[0,1,0,0]]];
        TASK PERS wobjdata
myjob1:=[FALSE,TRUE,"",[[-17.0593,-307.077,326.512],[0.00800777,0.00273382,
0.00657479,0.999943]],[[0,0,0],[1,0,0,0]]];
        PERS wobjdata
wobjt:=[FALSE,TRUE,"",[[-17.3458,-306.999,122.106],[1,0,0,0]],[[1.69912,
-0.568014,0.321577],[0.999979,-0.00382613,-0.00141263,0.00502835]]];
        VAR wobjdata vr;
        TASK PERS tooldata
mytool1:=[TRUE,[[-0.834413,-0.337861,204.685],[1,0,0,0]],[2,[1,0,0],[1,0,0,
0],0,0,0]];
        TASK PERS wobjdata
myjob2:=[FALSE,TRUE,"",[[8.12534,-309,138.932],[1,0,0,0]],[[0,0,0],[0,
0.707107,0.707107,0]]];
        VAR num w1;
        VAR num x1;
        VAR num y1;
        VAR num z1;
        PERS num mode:=0;
        TASK PERS wobjdata
myjob3:=[FALSE,TRUE,"",[[-18.1073,-314.845,122.988],[0.700746,-0.00100082,
-0.00485605,-0.713393]],[[0,0,0],[0,1,0,0]]];


    PROC rcon()
        ! 建立通信子程序
    MoveJ p5,v100,fine,tool0;
        ! 运动到拍照点
    WaitTime 1;
        ! 等待 1 s
```

```
SocketClose socket1;
```
　　！关闭套接字
```
SocketCreate socket1;
```
　　！创建套接字（只有关闭了之前的套接字,才能创建一个新的套接字）
```
Socketconnect socket1,"192.168.1.2",1025;
```
　　！尝试与 IP 地址 192.168.1.2 和端口 1025 处的远程计算机相连
```
SocketSend socket1\Str:="M";
```
！将信息"M"发送给远程计算机,用以检验是否建立通信
```
!PulseDO\PLength:=0.2,do7;
```
　　！触发相机拍照
```
SocketReceive socket1\Str:=m0;
```
　　！从远程计算机接受数据并将其放入字符串变量 m0 中
```
TPErase;
```
　　！将示教器清屏
```
TPWrite "m0="+m0;
```
　　！将示教器屏幕写出 m0 中的内容,该指令的格式要求为:"变量名="+变量名
```
ENDPROC
```

```
PROC wuliaoOFFs()
```
　　！物料偏移子程序
```
ppick.trans:=[nX,nY,-1.45];
```
　　！将 nX,nY,-1.45 的值赋值给 ppick 的 x,y,z 值
```
ppick.rot:=OrientZYX(nZ,0,0);
ppickh:=Offs(ppick,0,0,-50);
```
　　！取料上方点 ppickh 在取料点 ppick 上方 50 mm 的地方
```
ENDPROC
```

```
PROC num1()
```
　　！数据处理子程序
```
OKNG:=StrPart(m0,1,8);
```
　　！取字符串变量 m0 中从第 1 位起的前 8 位值,并赋值给字符串变量 OKNG
```
X:=StrPart(m0,10,8);
```
　　！取字符串变量 m0 中从第 10 位起的前 8 位值,并赋值给字符串变量 X
```
Y:=StrPart(m0,19,8);
```
　　！取字符串变量 m0 中从第 19 位起的前 8 位值,并赋值给字符串变量 Y
```
EZ:=StrPart(m0,28,8);
```

！取字符串变量 m0 中从第 28 位起的前 8 位值,并赋值给字符串变量 Z

OK:=StrToVal(X,nX);

！将字符串 X 转换为一个数量值,并存入 nX 当中,其中 OK 为布尔量,其值要设为 TURE,即使指令为真,可执行

OK:=StrToVal(Y,nY);

！将字符串 Y 转换为一个数量值,并存入 nY 当中

OK:=StrToVal(EZ,nZ);

！将字符串 Z 转换为一个数量值,并存入 nZ 当中

OK:=StrToVal(OKNG,nOKNG);

！将字符串 OKNG 转换为一个数量值,并存入 OKNG 当中

TPWrite(X);

！X 值写屏(字符串前 8 位)

TPWrite(Y);

！Y 值写屏

TPWrite(EZ);

！Z 值写屏

TPWrite(OKNG);

！OKNG 值写屏

TPWrite(ValToStr(nX));

！数量值 nX 值写屏

TPWrite(ValToStr(nY));

！数量值 nY 值写屏

TPWrite(ValToStr(nZ));

！数量值 nZ 值写屏

TPWrite(ValToStr(nOKNG));

！数量值 nOKNG 值写屏

wuliaoOFFs;

！调用物料偏移子程序

ENDPROC

PROC rpick( )

！取料子程序

Reset do4;

！复位 do4

MoveJ ppickh,v200,fine,mytool\WObj:=myjob;

！运动到取料点上方

MoveL ppick, v50, fine, mytool\WObj: =myjob;

　　! 运动到取料点

WaitTime 0.5;

　　! 等待 0.5 s

!Set do4;

　　! 置位 do4

WaitTime 2.5;

　　! 等待 2.5 s

Movel ppickh, v200, fine, mytool\WObj: =myjob;

　　! 运动到取料点上方

ENDPROC

PROC rpos( )

　　! 取点运算子程序

TEST nOKNG

　　! 计算 OKNG 中的值

CASE 10:

　　! 当 nOKNG 值为 10 时

Incr mm1;

　　! mm1 自加 1

TEST mm1

　　! 计算 mm1 中的值

CASE 1:

　　! 当 mm1 = 1 时

pPlace: =Offs(ppt1, 0, 0, 0);

　　! 放置点在 ppt1

CASE 2:

　　! 当 mm1 = 2 时

pPlace: =Offs(ppt1, 0, 0, 8);

　　! 放置点在 ppt1 上方 8 mm 处

CASE 3:

　　! 当 mm1 = 3 时

pPlace: =Offs(ppt1, 0, 0, 16);

　　! 放置点在 ppt1 上方 16 mm 处

CASE 4:

　　! 当 mm1 = 4 时

pPlace：=Offs(ppt1,0,0,24)；

　　! 放置点在 ppt1 上方 24 mm 处

DEFAULT：

　　! 如果 mm1 不等于 1,2,3,4

mm1：=mm1−1；

　　! mm1 自减 1

pPlace：=ppterr；

　　! 放置基准点 ppterr 赋值给放置点 pPlace

ENDTEST

　　! 结束判断

CASE 20：

　　! 当 nOKNG 值为 20 时

Incr mm2；

　　! mm2 自加 1

TEST mm2

　　! 计算 mm2 中的值

CASE 1：

　　! 当 mm2＝1 时

pPlace：=Offs(ppt2,0,0,0.1)；

　　! 放置点在 ppt2

CASE 2：

　　! 当 mm2＝2 时

pPlace：=Offs(ppt2,0,0,8)；

　　! 放置点在 ppt2 上方 8 mm 处

CASE 3：

　　! 当 mm2＝3 时

pPlace：=Offs(ppt2,0,0,16)；

　　! 放置点在 ppt2 上方 16 mm 处

CASE 4：

　　! 当 mm2＝4 时

pPlace：=Offs(ppt2,0,0,24)；

　　! 放置点在 ppt2 上方 24 mm 处

DEFAULT：

　　! 如果 mm2 不等于 1,2,3,4

mm2：=mm2−1；

　　! mm2 自减 1

pPlace:=ppterr;

　　! 放置基准点 ppterr 赋值给放置点 pPlace

ENDTEST

　　! 结束判断

CASE 30:

　　! 当 nOKNG 值为 30 时

Incr mm3;

　　! mm3 自加 1

TEST mm3

　　! 计算 mm3 中的值

CASE 1:

　　! 当 mm3＝1 时

pPlace:=Offs(ppt3,0,0,0.1);

　　! 放置点在 ppt3

CASE 2:

　　! 当 mm3＝2 时

pPlace:=Offs(ppt3,0,0,8);

　　! 放置点在 ppt3 上方 8 mm 处

CASE 3:

　　! 当 mm3＝3 时

pPlace:=Offs(ppt3,0,0,16);

　　! 放置点在 ppt3 上方 16 mm 处

CASE 4:

　　! 当 mm3＝4 时

pPlace:=Offs(ppt3,0,0,24);

　　! 放置点在 ppt3 上方 24 mm 处

DEFAULT:

　　! 如果 mm3 不等于 1,2,3,4

pPlace:=ppterr;

　　! 放置基准点 ppterr 赋值给放置点 pPlace

ENDTEST

　　! 结束判断

CASE 40:

　　! 当 nOKNG 值为 40 时

Incr mm4;

　　! mm4 自加 1

TEST mm4

　　! 计算 mm4 中的值

CASE 1：

　　! 当 mm4＝1 时

pPlace：＝Offs（ppt4,0,0,0.1）；

　　! 放置点在 ppt4

CASE 2：

　　! 当 mm4＝2 时

pPlace：＝Offs（ppt4,0,0,8）；

　　! 放置点在 ppt4 上方 8 mm 处

CASE 3：

　　! 当 mm4＝3 时

pPlace：＝Offs（ppt4,0,0,16）；

　　! 放置点在 ppt4 上方 16 mm 处

CASE 4：

　　! 当 mm4＝4 时

pPlace：＝Offs（ppt4,0,0,24）；

　　! 放置点在 ppt4 上方 24 mm 处

DEFAULT：

　　! 如果 mm4 不等于 1,2,3,4

mm4：＝mm4−1；

　　! mm4 自减 1

pPlace：＝ppterr；；

　　! 放置基准点 ppterr 赋值给放置点 pPlace

ENDTEST

　　! 结束判断

CASE 50：

　　! 当 nOKNG 值为 50 时

Incr mm5；

　　! mm5 自加 1

TEST mm5

　　! 计算 mm5 中的值

CASE 1：

　　! 当 mm5＝1 时

pPlace：＝Offs（ppt5,0,0,0.1）；

　　! 放置点在 ppt5

CASE 2：

　　! 当 mm5＝2 时

pPlace：＝Offs(ppt5,0,0,8)；

　　! 放置点在 ppt5 上方 8 mm 处

CASE 3：

　　! 当 mm3＝3 时

pPlace：＝Offs(ppt5,0,0,16)；

　　! 放置点在 ppt5 上方 16 mm 处

CASE 4：

　　! 当 mm5＝4 时

pPlace：＝Offs(ppt5,0,0,24)；

　　! 放置点在 ppt5 上方 24 mm 处

DEFAULT：

　　! 如果 mm5 不等于 1,2,3,4

mm5：＝mm5－1；

　　! mm5 自减 1

pPlace：＝ppterr；

　　! 放置基准点 ppterr 赋值给放置点 pPlace

ENDTEST

　　! 结束判断

CASE 60：

　　! 当 nOKNG 值为 60 时

Incr mm6；

　　! mm6 自加 1

TEST mm6

　　! 计算 mm6 中的值

CASE 1：

　　! 当 mm6＝1 时

pPlace：＝Offs(ppt6,0,0,0.1)；

　　! 放置点在 ppt6

CASE 2：

　　! 当 mm6＝2 时

pPlace：＝Offs(ppt6,0,0,8)；

　　! 放置点在 ppt3 上方 6 mm 处

CASE 3：

　　! 当 mm6＝3 时

pPlace：=Offs（ppt6,0,0,16）；

!　放置点在 ppt6 上方 16 mm 处

CASE 4：

!　当 mm6=4 时

pPlace：=Offs（ppt6,0,0,24）；

!　放置点在 ppt6 上方 24 mm 处

DEFAULT：

!　如果 mm6 不等于 1,2,3,4

mm6：=mm6-1；

!　mm6 自减 1

pPlace：=ppterr；

!　放置基准点 ppterr 赋值给放置点 pPlace

ENDTEST

!　结束判断

CASE 70：

!　当 nOKNG 值为 70 时

Incr mm7；

!　mm7 自加 1

TEST mm7

!　计算 mm7 中的值

CASE 1：

!　当 mm7=1 时

pPlace：=Offs（ppt7,0,0,0.1）；

!　放置点在 ppt7

CASE 2：

!　当 mm7=2 时

pPlace：=Offs（ppt7,0,0,8）；

!　放置点在 ppt7 上方 8 m 处

CASE 3：

!　当 mm7=3 时

pPlace：=Offs（ppt7,0,0,16）；

!　放置点在 ppt7 上方 16 mm 处

CASE 4：

!　当 mm7=4 时

pPlace：=Offs（ppt7,0,0,24）；

!　放置点在 ppt7 上方 24 mm 处

DEFAULT：

　　　！如果 mm7 不等于 1,2,3,4

mm7：=mm7−1；

　　　！mm7 自减 1

pPlace：=ppterr；

　　　！放置基准点 ppterr 赋值给放置点 pPlace

ENDTEST

　　　！结束判断

DEFAULT：

　　　！如果 nOKNG 不等于 10,20,30,44,50,60,70

ENDTEST

　　　！结束判断

placeH：=offs(pPlace,0,0,50)；

　　　！在放置点上方 50 mm 处

ENDPROC

PROC rplace( )

　　　！放料子程序

MoveJ phome,v400,z50,tool1；

　　　！运动到安全位置

MoveJ placeH,v400,z50,mytool\WObj：=myjob；

　　　！运动到放料点上方

MoveL pPlace,v50,fine,mytool\WObj：=myjob；

　　　！运动到放料点

WaitTime 0.5；

　　　！等待 0.5 s

Reset do4；

　　　！复位 do4

WaitTime 1.5；

　　　！等待 1.5 s

MoveL placeH,v400,z50,mytool\WObj：=myjob；

　　　！运动到放料点上方

MoveJ phome,v400,z50,tool1；

　　　！运动到安全位置

ENDPROC

```
PROC main( )
        ！主程序
init ;
        ！初始化子程序
FOR m FROM 1 TO mm0 DO
        ！重复循环指令
p0 :
        ！指针 p0
rcon ;
        ！调用通信子程序
num1 ;
        ！调用数据处理子程序
IF nOKNG<>0 THEN
        ！判断 nOKNG 不等于 0
rpick ;
        ！调用取料子程序
ELSE
        ！如果不满足条件
GOTO p0 ;
        ！跳转到指针 p0 处
ENDIF
        ！结束 IF 条件判断
!rpos ;
        ！调用位置计算子程序
!rplace ;
        ！调用放料位置子程序
ENDFOR
        ！结束 FOR 循环
TPErase ;
        ！清屏
TPWrite "work done!!" ;
        ！写屏搬运完成
Stop ;
        ！程序停止
ENDPROC
```

```
PROC init( )                    ! 初始化子程序
set do4;                        ! 置位 do4
mm0:=22;                        ! mm0 初始化值为 22
mm1:=0;                         ! mm1 初始化值为 0
mm2:=0;                         ! mm2 初始化值为 0
mm3:=0;                         ! mm3 初始化值为 0
mm4:=0;                         ! mm4 初始化值为 0
mm5:=0;                         ! mm5 初始化值为 0
mm6:=0;                         ! mm6 初始化值为 0
mm7:=0;                         ! mm7 初始化值为 0
ENDPROC
ENDMODU
```

学习检测

自我学习测评表如下表所示。

学习目标	自我评价			备注
	掌握	了解	重学	
机器人系统调试				
相机参数调试				
网络串口调试				
视觉程序编写				
目标点位置示教				